樹皮
ハンドブック

林 将之 著

ブナ

文一総合出版

樹皮とは

樹皮とは、樹木の幹や枝の表面を覆う皮状の組織のことです。広義には、若い枝を覆う薄い皮なども樹皮に含まれますが、狭義には、太い幹や枝を覆う丈夫な皮を指します。一般に連想する「樹皮」は、おそらく後者のイメージが強いでしょう。本書でも、原則として幹の樹皮を紹介しています。幹の樹皮の様子のことを、「幹肌」「木肌」「樹肌」などと呼ぶこともあります。

樹皮の内側には、形成層と呼ばれる薄い層があり、ここを起点に木は年々太くなります（肥大成長）。形成層の内側には年輪（木部）がつくられ、外側にはコルク組織や師部がつくられますが、幹が太くなるにつれて外側の組織は次第に枯死し、幹表面に堆積したり、はがれ落ちます。そのはがれ方や裂け方は樹種ごとに異なるので、樹皮の外観を決める大きな特徴になります。

このように、死んだ組織となった樹皮が幹の表面を覆ったり、はがれ落ちることで、外界から植物体を守り、つる植物等の付着を防いでいます。

また、樹皮の表面にはしばしば点状のふくらみが見られますが、これは皮目と呼ばれ、呼吸の役割をしています。目玉状の大きな模様が見られることもありますが、これは古い枝が落ちたあと（枝痕）です。

コルク層が発達するアベマキの幹断面

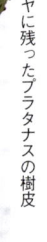
ワイヤに残ったプラタナスの樹皮

ネムノキの皮目

樹皮の変異

樹皮には、様々な変異が見られます。樹種ごとに、裂け方、色、皮目の形や有無などが異なるだけでなく、同じ種内でも、樹齢、生育環境、付着物、病虫害、地域差などによって、想像以上に多様な姿が見られます。これが樹皮を見るときの難しさであり、おもしろさでもあります。

大木の樹皮は特に変化に富む。ケヤキ

1本の老木でも、見上げれば様々な樹齢の樹皮が見られる。

●樹齢による変異

　樹齢による変異は、樹皮を見る上で最も基本的な要素です。一般に、若い木ほど樹皮が平滑ですべすべしており、老いた木ほど深く裂けたりはがれる傾向があります。樹皮を見る際は、まず成木の樹皮を覚えるのが基本ですが、若木と老木と合わせて、3段階の樹皮を覚えられると理想的です。

　大きな木では、根元の幹で老木の樹皮が見られ、上部の幹や太い枝では成木の樹皮の特徴が、さらに細い枝では若木の樹皮の特徴が見られます。なお、生育状態や周辺環境によって成長速度は大きく変化するので、幹の太さから樹齢を正確に推定することはできません。

●地衣類や藻類による変異

　幹の外観を左右する要素として、樹皮表面の様々な付着物が挙げられます。ブナの幹に付着して美しいまだら模様をつくる地衣類（藻類と菌類の共生体）は有名ですが、ブナに限らず、身近な庭木でも白色や緑白色の丸い模様があれば、地衣類の可能性が高いでしょう。地衣類は湿った場所や空気のきれいな場所で多く見られ、周辺環境を知る指標にもなります。

　また、緑色や暗緑色、橙色にぼんやりと染まっている場合は、藻類の場合もあります。地衣類との識別は困難なこともありますが、緑藻、藍藻の仲間が比較的ふつうに見られるようです。

●蘚苔類や菌類による変異

　古い木や湿った場所の木では、緑色の蘚苔類（コケ植物）がよくついています。蘚苔類が見られるのは、長らく樹皮が更新されていない証拠でもあり、生育不良であったり、枯れている場合もあります。

　一方、サルノコシカケやキクラゲといったキノコ類（菌類の子実体）が見られる木

様々な地衣類がついたアオハダ

藻類がついたナナミノキ

菌類と蘚苔類がついた枯コナラ

排気ガスで黒ずんだイチョウ

左半分がぬれたナンキンハゼ

は、既に枯れているか、枯れかかっている場合がほとんどです。また、面状に子実体を広げる菌類も見られます。

枯れ木の樹皮は、不自然に黒ずんだり、著しくはがれることも多く、生きた木とは風貌が異なることが多いので要注意です。枯れ木の材を食べる穿孔虫の穴や、それを食べるキツツキの掘った穴も、枯れを示す目印になります。

●汚れやぬれによる変異

このほか、街路樹などでは、排気ガスで黒ずんだ樹皮や、砂ぼこりで白くなった樹皮も見られます。また、雨で樹皮がぬれると、普段より色濃く見えるものです。パッと見て「黒い樹皮」「白い樹皮」と思ったものが、実は樹皮本来の色ではないことも多いので、注意が必要です。

●虫害や病害による変異

シラカシでは、しばしば異常にざらついた樹皮を見かけますが、原因はカシノアカカイガラムシといわれます。カイガラムシ類には、カシ類に限らず、樹皮にもぐりこむように吸着して樹液を吸うものがあり、これに樹皮が反応して異常なざらつき、亀裂、こぶなどを生じることがあります。

一方、カミキリムシ類やガ類の幼虫が幹内部に侵入し、樹皮表面に異常なコブや亀裂、うろを生じることもあります。カブトムシが集まるような樹液が出ている箇所は、その顕著な例といえるでしょう。

これ以外にも、細菌やウイルスなどの病原体の影響で幹が異常に肥大化したり、通常と異なる姿を呈することがあります。また、天候条件や栄養状態などが樹皮の外見に影響を及ぼすこともあります。こうした現象をすべて解明するのは不可能なので、原因は何であれ、樹皮の変異は多様であることを理解することが大切です。

ざらついたシラカシの若木

小さなうろができたコナラ

ユリノキにできたこぶ

樹皮だけで見分けられるか

　樹皮は、葉や花と比べると特徴がつかみにくい上に、前述のような多様な変異が見られるため、樹皮だけで樹種を見分けることは、一部の場合を除いて無理といえます。特に暖地の常緑樹林や、若木ばかりの場合、一様に平滑な樹皮が多くて困難をきわめます。

　しかし、ケヤキやサルスベリのように成木なら樹皮だけで見分けられる樹種もありますし、候補種が限られていれば、樹皮だけで見分けられるケースは増えます。

　たとえば、関東平野の雑木林という条件があれば、そこに生育する樹種は絞られるので、成木であれば樹皮だけで半数以上の個体を見分けられるでしょう。また、材木市場で取引される丸太は、スギ、ヒノキ、カヤといった有用樹が大半で、業者の人は樹皮とその切り口から樹種を識別しています。

　とはいえ、樹皮でイロハモミジとオオモミジ、アラカシとシラカシなどを区別するのは無理があるし、樹皮でコナラと思い込んでいたら、実際はシダレヤナギやニセアカシアだったという初歩的なミスも起こります。樹皮だけでは正確さに欠けるのが最大の難点です。

　より正確に見分けるには、大ざっぱでもよいので、葉（落ち葉）や樹形、冬芽などを同時に確認することが大切です。何の特徴もない丸太でも、小さな小枝がついているだけで樹種が分かることは多いのです。こうした情報と組み合わせたとき、樹皮は最も観察しやすく、非常に有効な見分け材料となるのは間違いありません。

● **樹皮を見るときのポイント**

　以上を踏まえ、樹皮だけで見分けようとする際のポイントを整理してみましょう。必ず確認したい点は以下の3つです。①裂け目やすじ、はがれはあるか、どんな様子か？ ②色は何色っぽいか？ ③皮目はあるか、どんな形か？

　これに加え、指で押さえた時の硬さ、ナイフ等で削った時の匂いや色、樹皮をはいだ時のはげ方、地衣類のつき方や病虫害の症状などが特徴になることもあるので、試せることは試したいものです。

　樹皮による同定方法は確立されていないので、あなたがよく見る木々について、あなた独自の見分け方を探してみてください。

コナラ、クヌギ主体の関東の雑木林

材木市場に積まれたスギ（左）とヒノキ（右）

本書の使い方

本書では、身近に見られる樹木や林業上重要な樹木を中心に、158種の樹皮を写真入りで紹介しています。樹皮という特性上、低木より高木を、常緑樹より落葉樹を優先的に取り上げました。

8～15ページの樹皮一覧表は、成木の樹皮を便宜上6タイプに分類し、各タイプごとによく似た樹皮を並べて掲載したので、樹皮から調べる場合にご利用ください。

16～75ページの本編では、常緑針葉樹、落葉針葉樹、落葉広葉樹、常緑広葉樹の4グループに分け、ほぼ分類体系順に従って科ごとに掲載しました。1種につき原則3点の樹皮の写真を掲載し、葉の画像も掲載しました。樹皮の写真には、典型のもの、例外のもの、両方が含まれます。本文や葉の情報と合わせ、樹皮を見分ける際の参考にしてください。

典型的な樹形
※カッコ内は代表種

- 扇形（ケヤキ）
- 楕円形、不整形（コナラ、シラカシなど多数）
- 幅広形（エノキ）
- 卵形（ホオノキ）
- 逆三角形（ネムノキ）
- 三角形（スギ）
- 枝垂れ形（シダレヤナギ）
- マツ形（アカマツ）

成木の樹皮タイプ

- **横・筋** 横向きの皮目やすじが全体にある。
- **平滑** 目立った裂け目やすじはない。表面はすべすべ、ざらざらなど様々。
- **縦・筋** 縦向きのすじや浅い裂け目が、ほぼ全体にある。
- **縦・裂** 縦向きのはっきりした裂け目が全体にある。
- **網・裂** 網目状の裂け目が全体にある。
- **斑・剥** 全体または一部がよくはがれ、しばしばまだら模様になる。

大分類
常緑針葉樹、落葉針葉樹、落葉広葉樹、常緑広葉樹の区別を記した。

名称・分類
植物学や世間一般に広く使われる和名と、漢字名、林業や造園業界等でよく使われる別名、総称を記した。学名は原則として「Flora of Japan」（講談社）に従った。

枝や葉のつき方
互生／対生 ※広葉樹のみ掲載

イロハモミジ 供状紅葉 カエデ科カエデ属 別名タカオカエデ Acer palmatum

【樹皮】若木の幹や枝は緑色、成木は明るい褐色で、縦に細いすじが入る。老木ではごく浅く割れることも。内側がつるりとしてツヤツヤとする様子もそっくりで、樹皮での区別は困難。【樹形】幅広がり型でまあず高くならない。樹高5~15m。【分布】本州～九州、身近な基本林に生える。庭木、公園樹。【利用】時に器具材等。

葉は小型で5~7cm、4~7cm

樹皮写真
原則として、若木、成木、老木の幹の樹皮を掲載した。写真右下には、幹のおよその直径を記した。

葉スキャン画像
スキャナで撮影した葉の画像を掲載。見分けポイントと葉身の長さを記した。

解説文
- 【樹皮】樹皮の特徴や傾向、類似種との違いを解説。
- 【樹形】典型的な樹形の特徴と、成木の樹高を解説。
- 【分布】国内の自然分布と、植えられる用途を解説。
- 【利用】材や果実、樹皮の代表的な利用用途を解説。

用語解説

本書に登場する主な専門用語

【羽状複葉】複数の小さな葉（小葉）が鳥の羽のように並んで1枚の葉を構成する葉のこと。

【家具材】机、椅子、箪笥などの家具に用いられる材。強度や加工性、美性などが求められる。

【株立ち】根元から複数本の幹が生えること。

【器具材】刃物や農耕具の柄、椀、台所用品、風呂用品、玩具、箱などの簡単な道具に用いられる材。強度や個々の適性が求められる。

【鋸歯】葉のふちのギザギザのこと。

【建築材】土台、柱、梁などの構造材、敷居、鴨居などの造作材、床材、天井材、屋根材、壁材、建具材などに用いられる材。用途に適した強度や美性が求められる。

【互生】葉や枝が互い違いに生えること。枝先に密集して生えた葉も、よく見ると互生の場合が多い。

【掌状複葉】複数の小さな葉（小葉）が手のひらのように集まって1枚の葉を構成する葉のこと。

【小葉】羽状複葉や掌状複葉などの複葉を構成する小さな葉のこと。

【薪炭材】薪や炭に用いられる材。火力や火持ちの良さが求められる。

【成木】成熟した木のこと。明確な定義はないが、目安として花や果実をつけるほど成長した個体をいう。

【対生】葉や枝が1カ所から2つずつ対になって生えること。

【地衣類】菌類と藻類の共生体で、木の幹や石などに付着する面状またはひだ状の生物。俗に「コケ」とも呼ばれている。（p.3参照）

【皮目】樹皮表面に散在する呼吸のための組織で、多くは点状のふくらみとして確認できる。皮目の有無や形は樹種によって様々。（p.2参照）

【葉身】葉の面状の部分、つまり葉柄を除いた葉の本体部分のこと。

【葉柄】葉の柄の部分のこと。

【葉脈】葉身に見られるすじのこと。中央の太い葉脈は主脈、そこから分岐した葉脈は側脈という。

【老木】年老いた木のこと。明確な定義はないが、目安として、十分な大きさに成長し、多少衰えが見え始めた個体をいう。

【若木】若い木のこと。明確な定義はないが、目安として、花をまだあまりつけない小さめの個体をいう。

【注意】

※樹皮の6タイプは、典型的な成木の樹皮を基準に筆者が主観的に分類したもので、絶対的なものではありません。目安としてお考え下さい。

※樹皮一覧表には、本編で小さく掲載した種（リンゴ、サンショウ等）は掲載していないものもあります。また、一つの種でも二つの写真を掲載しているものもあります。

※本編に掲載した樹皮写真は、生育環境の異なる3個体の写真であり、写真の通りに若木→成木→老木と変化していくとは限りません。

※複葉の葉（葉身）の長さは、下端の小葉から上端の小葉の先までの長さを示します。

※本書では、広葉樹（被子植物）の果実は「果実」と表記し、針葉樹（裸子植物）の種子は「実」と表記しました。また、裸子植物のイチョウは針葉樹ではありませんが、便宜上、針葉樹のページに含めました。

樹皮一覧表

横・筋
サクラ類とカバノキ類が中心。横長の皮目がすじ状に見えるものが多い。▶▶▶

- ダケカンバ p.28
- シラカバ p.28
- イヌザクラ p.48
- ウダイカンバ p.29
- ミズメ p.29
- ヤマザクラ p.46
- オオヤマザクラ p.46
- ソメイヨシノ p.47
- モモ p.49
- ウワミズザクラ p.48
- ナナカマド p.50
- ヤマハンノキ p.32
- ケヤキ p.39

平滑
若木や常緑広葉樹に多い。ここでは色が白っぽいものから順に並べた。▶▶▶

- トドマツ p.18
- コシアブラ p.65
- アオダモ p.68
- コブシ p.41
- ヤブツバキ p.74

10 樹皮一覧表

● イヌブナ p.34　● オオバヤシャブシ p.32　● カラスザンショウ p.52　● コジイ p.69

● イスノキ p.75　● サカキ p.74　● イヌエンジュ p.51　● クリ p.36

● アラカシ p.70　● シラカシ p.70　● シロダモ p.72　● ヤブニッケイ p.72

● ハクウンボク p.66

縦・筋
カエデ類やシデ類が代表的。平滑、縦・裂との線引きは難しい場合も。▶▶▶

● イヌシデ p.30　● アカシデ p.30

● イロハモミジ p.56　● イタヤカエデ p.58　● コハウチワカエデ p.56　● クマシデ p.31

●…常緑針葉樹 ●…落葉針葉樹 ●…落葉広葉樹 ●…常緑広葉樹

●マテバシイ p.69 ●ミズキ p.63 ●クマノミズキ p.63 ●サワシバ p.31

●ムクノキ p.39 ●アカメガシワ p.45 ●シンジュ p.53 ●キリ p.68

●ウリカエデ p.57 ●ウリハダカエデ p.57 ●ウラジロノキ p.50 ●ゴンズイ p.77

●エゴノキ p.66

縦・裂

針葉樹や落葉広葉樹に多い。ここでは裂け方がよく似たものを並べた。▶▶▶

●スギ p.20 ●ヒノキ p.20

●サワラ p.21 ●アスナロ p.21 ●ネズコ p.21 ●イチイ p.23

12 樹皮一覧表

- カラマツ p.24
- コウヤマキ p.22
- カヤ p.23
- イヌマキ p.22
- メタセコイア p.25
- ラクウショウ p.25
- ヒマラヤスギ p.17
- トチノキ p.59
- サワグルミ p.33
- シオジ p.67
- ヤチダモ p.67
- カツラ p.42
- ハルニレ p.38
- オヒョウ p.38
- シナノキ p.62
- アサダ p.31
- ケンポナシ p.60
- トウカエデ p.58
- ハンノキ p.32
- ドロノキ p.27

●…常緑針葉樹　●…落葉針葉樹　●…落葉広葉樹　●…常緑広葉樹

●キハダ p.53　●ハリギリ p.64.　●クヌギ p.37　●アベマキ p.37
●コナラ p.35　●ミズナラ p.35　●ナラガシワ p.36　●カシワ p.36
●クリ p.36　●イチョウ p.24　●ニセアカシア p.51　●マユミ p.59
●シダレヤナギ p.26　●オニグルミ p.33　●スダジイ p.69　●ウバメガシ p.71
●バッコヤナギ p.26　●ヤマグワ p.40　●モミジバフウ p.44　●ナンキンハゼ p.45

14 樹皮一覧表

- クスノキ p.72
- ユリノキ p.77
- ネジキ p.77
- エンジュ p.51
- ハゼノキ p.54
- センダン p.54
- シダレザクラ p.47
- ウメ p.49

網・裂（あみ・さけ）

マツ科や広葉樹の老木に多い。縦・裂との線引きは難しい場合も。▶▶▶

- クロマツ p.16
- アカマツ p.16
- ツガ p.17
- モミ p.18
- アカエゾマツ p.19
- ドイツトウヒ p.19
- カラマツ p.24
- ヒマラヤスギ p.17
- カキノキ p.66
- ハナミズキ p.64
- イヌザクラ p.48

● …常緑針葉樹　● …落葉針葉樹　● …落葉広葉樹　● …常緑広葉樹

斑・剥

独特の外観で目立つ。樹皮がよくはがれてすべすべになるものもある。
▶▶▶

● オオバヤシャブシ p.32　● イチイガシ p.70　● バクチノキ p.76

● リョウブ p.65　● ナツツバキ p.43　● ヒメシャラ p.43　● サルスベリ p.62

● シマサルスベリ p.62　● ユーカリノキ p.76　● モミジバスズカケノキ p.44　● アメリカスズカケノキ p.44

● カゴノキ p.73　● カリン p.76　● アカガシ p.71　● ヤマボウシ p.64

● サンシュユ p.76　● アキニレ p.38　● ケヤキ p.39　● ナギ p.76

常緑針葉樹

アカマツ

赤松　マツ科マツ属
別名メマツ　総称マツ　Pinus densiflora

  網・裂

成木25cm

成木40cm

老木50cm

触っても痛くない。
7-12cm

【樹皮】名の通り赤みを帯びることが多い。特に成木では幹の中〜上部の樹皮がはげて赤くなり、よく目立つ。根元の樹皮は老木ほど網目状によく裂け、クロマツにもよく似ている。【樹形】幹は曲がりやすい。樹高20-30m。【分布】北海道〜九州のやせ地。植林、庭木。【利用】建築材、焼物や製塩の薪炭材等。他に松脂採取、マツタケ山。

クロマツ

黒松　マツ科マツ属
別名オマツ　総称マツ　Pinus thunbergii

 網・裂

若木20cm

成木25cm

老木50cm

触ると痛い。
9-15cm

【樹皮】名の通り黒みを帯びる。若木の頃から網目状に裂け、老木では独特の深い亀甲状の裂け目となる。アカマツとの雑種アイグロマツも時に植えられており、葉はクロマツに近いが樹皮は赤みを帯びる個体を見る。【樹形】幹は曲がりやすい。樹高20-30m。【分布】本州〜九州の沿海地。海岸防風林、庭木。【利用】材利用はアカマツと同様。

常緑針葉樹　17

ヒマラヤスギ

ヒマラヤ杉　**マツ科ヒマラヤスギ属**
別名ヒマラヤシーダー　Cedrus deodara

 網・裂

 若木20cm
 成木40cm
 老木60cm

数十本が束につく。
3-5cm

【樹皮】黒っぽくて、縦長の網目状に深く裂ける。縦に裂けているようにも見えることもあり、網・裂か縦・裂かは区分しがたい。【樹形】整った三角形。葉は青白く、枝先は垂れ下がるので特徴的。樹高20-30m。【分布】ヒマラヤ地方原産。緑化樹として公園、学校、工場等に植えられる。【利用】建築材になるがほとんど利用されていない。

ツガ

栂
別名トガ　Tsuga sieboldii

 網・裂

 若木25cm
 成木40cm
 老木50cm

葉先はくぼむ。
1-2cm

【樹皮】網目状〜縦方向に粗く裂け、マツ類に似た風貌がある。多少赤みを帯びる傾向がある。モミとよく混生するが樹皮で区別可能。高所に分布するコメツガは、本種よりやや白っぽく、裂け目がやや浅い傾向がある。【樹形】やや丸みのある三角形。樹高20m前後。【分布】本州〜九州の山地。【利用】建築材になるが希少。

モミ

樅　マツ科モミ属　*Abies firma*　網・裂

成木30cm

成木60cm

老木100cm

葉先は二股に分かれるかくぼむ。2-3cm

【樹皮】白っぽくてほぼ平滑だが、成木になるにつれて所々割れ目が入り、老木ではほぼ全面が網目状に裂ける。高所に分布するウラジロモミも本種に似るが、多少橙色を帯びる。【樹形】枝は斜上し三角形になる。樹高20-40m。【分布】本州〜九州の低地から山地。【利用】棺桶、卒塔婆、かまぼこ板、食品包装材等。クリスマスツリー。

トドマツ

椴松　マツ科モミ属　*Abies sachalinensis*　平滑

成木50cm

ヤニ袋

凍裂痕

葉先はくぼむ。2cm前後

【樹皮】灰色で滑らか。大木になっても裂けないので区別は容易。表面に横長のヤニ袋が散在し、芳香のある樹脂が入っている。時に凍裂のあとが見られる。本州北部に分布する同属のオオシラビソ、シラビソも本種に似る。【樹形】モミと似る。樹高20-30m。【分布】北海道。道内で多く植林。公園樹。【利用】建築材、パルプ材、包装材等。

常緑針葉樹　19

アカエゾマツ

赤蝦夷松　マツ科トウヒ属
総称エゾマツ　Picea glehnii　　網・裂

エゾマツ　網・裂

若木20cm

成木45cm

成木40cm

葉の断面は菱形。
1cm弱

【樹皮】比較的若い時から不規則に裂け、成木では網目状に裂けて所々はがれ落ちる。全体にやや赤みを帯びることが多く、特にはがれた部分が赤い。同属のエゾマツ、トウヒはやや黒っぽく、個体数は少ない。【樹形】枝ぶりのやや粗い三角形。樹高20-30m。【分布】北海道。道内で多く植林。街路樹。【利用】建築材、パルプ材、楽器材等。

ドイツトウヒ

ドイツ唐檜　マツ科トウヒ属
別名ヨーロッパトウヒ　Picea abies　　網・裂

若木20cm

成木25cm

老木40cm

葉の断面は菱形。
2-3cm。

【樹皮】若木はほぼ平滑で皮目が散らばるが、次第に亀裂が入り、成木では網目状に裂けて所々はがれ落ちる。しばしば赤味を帯び、アカエゾマツと似る。【樹形】整った三角形。老木では枝が垂れ下がって独特。樹高20-30m。【分布】欧州原産。公園樹。北日本では時に植林。【利用】建築材、楽器材等。クリスマスツリー。

スギ

杉　スギ科スギ属
Cryptomeria japonica 　縦・裂

 若木10cm
 成木25cm
 老木100cm

葉はカマ形で、枝にらせん状につく。
1-2cm

【樹皮】赤みを帯びた茶色で、繊維状に縦に細かく裂ける。ヒノキと異なり、樹皮は幹に密着してはぎにくい。青白い粉状の地衣類（ちいるい）が散らばるようにつくことも多い（右写真）。老木は樹皮が厚くなる。【樹形】樹高30-50m。【分布】本州〜九州。各地に植林。【利用】建築材など多様な用途に最も一般的。樹皮は屋根葺（やねふき）等。葉は線香や燃料。

ヒノキ

檜、桧　ヒノキ科ヒノキ属
Chamaecyparis obtusa 　 縦・裂

 若木10cm
 成木30cm
 老木50cm

葉裏の気孔線はY字形。
2-3mm

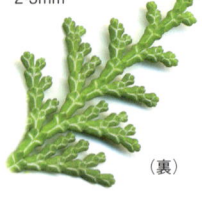
（裏）

【樹皮】スギより多少赤みの強い茶色で、縦にやや粗く裂ける。その裂け幅はスギより広く、切れ端を引くと長くつながってはがれやすい。本種に限らず、環境によっては樹皮表面が灰色っぽくなる（右写真）。【樹形】樹高30m前後。【分布】東北南部〜九州。各地に植林。公園樹。【利用】建築材など多様な用途に最高品質。樹皮は檜皮葺（ひわだぶき）等。

常緑針葉樹　21

サワラ

樸　ヒノキ科ヒノキ属
Chamaecyparis pisifera

縦・裂

 若木15cm
 成木45cm
 老木60cm

葉裏の気孔線はX字形。
2-3mm

（裏）

【樹皮】やや灰色の強い赤茶色で、裂け幅はヒノキよりやや狭く、スギに似る。樹皮は幹に密着してはぎにくい。樹皮だけでスギあるいはヒノキ等と区別するのは困難な場合も多い。【樹形】ヒノキより葉がまばら。樹高30m前後。【分布】本州・九州。ヒノキ等に交じって植林。庭木、公園樹。【利用】桶、飯びつ等の器具材、建具材等。

アスナロ

翌檜、翌桧
別名ヒバ、アテ

ヒノキ科アスナロ属
Thujopsis dolabrata

縦・裂

ネズコ
 縦・裂

 成木35cm
 老木45cm
 老木50cm

葉裏の気孔線はW字形。
3-5mm

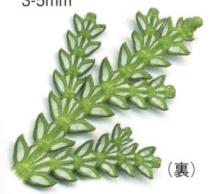
（裏）

【樹皮】多少赤みを帯びた茶色で、やや繊維状に縦に裂ける。裂け幅はヒノキより狭く、表面はかなり滑らかになることも多い。同科のネズコ（クロベ）はより赤みが強い傾向があるが、よく似ている。【樹形】三角形。樹高20-30m。【分布】東北〜中部、四国、九州。一部で植林。時に庭木。【利用】土台等の建築材等。樹皮は縄等。

常緑針葉樹

コウヤマキ

高野槙　コウヤマキ科コウヤマキ属
別名ホンマキ　総称マキ　Sciadopitys verticillata

葉先はわずかにくぼむ。
7-12cm

【樹皮】赤茶色で縦に繊維状に裂け、長い薄片となってはがれやすい。樹皮はスギやヒノキより厚く、指で押さえると多少弾力がある。【樹形】枝ぶりが特徴的な三角形。樹高15-30m。【分布】東北南部〜九州の山地にまれ。庭木。【利用】高い耐水性を生かして、風呂桶等の器具材、水回りの建築材等。樹皮（槙皮）は舟の水漏れ防止用。

イヌマキ

犬槙　マキ科マキ属
総称マキ　Podocarpus macrophyllus

平たく、触れても痛くない。
8-13cm

【樹皮】明るい灰色〜肌色で、縦にごく細かく裂ける。幹は多少曲がることが多いが、裂け目もらせん状にねじれる傾向がある。老木では幹表面に凹凸ができることが多い。【樹形】ややいびつでマツ類に似る。樹高20m前後。【分布】関東〜沖縄の沿海地。庭木、海岸防風林。【利用】建築材（特に沖縄）等。実の赤い部分は可食。

常緑針葉樹　23

カヤ

榧　**イチイ科カヤ属**
別名ホンガヤ　Torreya nucifera　縦・裂

若木20cm

成木35cm

老木70cm

先は鋭く、触れると痛い。
2-3cm

【樹皮】明るい灰色〜やや黄色を帯びた色で、縦に浅く裂ける。樹皮はガラス繊維状に細かくほぐれやすく、肌に刺さるとかゆくなることがあるという。葉が似るイヌガヤは、濃い褐色で粗く裂け、低木。【樹形】ややいびつな三角形。樹高20m前後。【分布】本州〜九州の山地。庭木。【利用】最高級の碁盤、器具材等。実は食用、油も採れる。

イチイ

一位　**イチイ科イチイ属**
別名オンコ、アララギ　Taxus cuspidata　縦・裂

若木25cm

成木40cm

老木80cm

触れても痛くない。
2-3cm

【樹皮】赤みが強い茶色で、日本産針葉樹の中では最も赤い部類。縦にやや浅く裂けてはがれる。年を経ると縦のうねが現れやすく、うろ状になることも多い。【樹形】丈の低いものが多い。樹高10-20m。【分布】北海道〜九州。寒冷な山地に点在。庭木（低木の変種キャラボクが多い）。【利用】器具材、細工物、建築材等。実の赤い部分は可食。

落葉針葉樹

イチョウ

銀杏、公孫樹　**イチョウ科イチョウ属**
Ginkgo biloba

成木30cm　老木100cm　表面　気根

扇形で独特。
5-8cm

【樹皮】縦に裂け、裂け目は互いにクロスする感じ。表面は薄い層が重なり、コルク質が発達するので指で押すと弾力がある。明るい褐色だが、排気ガスで黒ずんだものも多い（p.4参照）。老木では時に枝から乳と呼ばれる気根が垂れる。【樹形】樹高20-40m。【分布】中国原産。街路樹や公園樹。【利用】まな板、彫刻材等。実（銀杏）は食用。

カラマツ

唐松、落葉松　**マツ科カラマツ属**
別名フジマツ　*Larix kaempferi*

若木15cm　成木30cm　老木60cm

葉は柔らかい。
2-3cm

【樹皮】網目状〜やや縦向きに裂け、多少はがれる。はがれた部分は赤みを帯びることが多く、しばしば全体が赤っぽくてアカマツに似た個体も見る。地衣類がつくことも多い。【樹形】整った三角形。樹高20-30m。【分布】東北南部〜中部。北日本で広く植林、防風林。日本産針葉樹唯一の落葉樹。【利用】合板材、建築材、梱包材、杭木等。

落葉針葉樹　25

メタセコイア

別名アケボノスギ　スギ科メタセコイア属
Metasequoia glyptostroboides 縦・裂

若木25cm

成木50cm

成木60cm

葉や枝は対生する。
2-4cm

【樹皮】赤みの強い褐色で、スギやヒノキより明るい色。縦に細かく裂け、繊維状にはがれる。年数を経るにつれて根元の幹は板根（ばんこん）状になり、アキレス腱（けん）を連想させる縦のうねが入って特徴的。気根（きこん）は生えない。【樹形】整った三角形。秋は橙色に紅葉し遠目にもすぐ分かる。樹高20-40m。【分布】中国で発見された。公園樹。【利用】少ない。

ラクウショウ

落羽松　スギ科ヌマスギ属
別名ヌマスギ　Taxodium distichum 縦・裂

若木20cm

成木40cm

気根

枝や葉は互生する。
1-3cm

【樹皮】メタセコイアに似るが、やや赤みが弱く、灰色っぽく見えることが多い。メタセコイアよりも樹皮がはがれにくい印象がある。成木の根元は板根（ばんこん）状になり、湿地に植えられた個体では、膝根（しっこん）と呼ばれる気根（きこん）（呼吸根）が周囲に生えることがある。【樹形】円柱形に近い三角形。樹高20m前後。【分布】北米原産。公園樹。【利用】少ない。

落葉広葉樹

シダレヤナギ

枝垂柳　ヤナギ科ヤナギ属　
総称ヤナギ　Salix babylonica

若木15cm

成木30cm

オノエヤナギ 縦・裂

成木20cm

枝が垂れるヤナギは本種のみ。
8-12cm

【樹皮】縦にはっきりと裂け、裂けた部分が黒っぽく、平滑部分が白っぽいので、コナラに似たしま模様に見える。ヤナギ属は類似種が多く、オノエヤナギ、コゴメヤナギ、シロヤナギ、ジャヤナギ等も縦に裂ける。【樹形】枝先が長く垂れる。樹高15m前後。【分布】中国原産。公園樹、時に野生化。【利用】まな板、楊枝等。枝は花材。

バッコヤナギ

ばっこ柳　ヤナギ科ヤナギ属　
別名ヤマネコヤナギ　Salix caprea

若木15cm

成木25cm

老木30cm

葉裏に毛が密生。アカメヤナギは無毛。
10-15cm

【樹皮】くすんだ灰色で、縦に裂け目が入る。裂け目は浅くてやや少ないので、平滑面が目立つ。葉が似るアカメヤナギ（マルバヤナギ）は、本種より樹皮が白っぽく、低地の水辺に多い。【樹形】あまり大きくならない。樹高5-10m。【分布】北海道〜近畿・四国。寒冷地の水辺や乾燥地にも生える。【利用】器具材等。樹皮は縄等。

落葉広葉樹　27

ヤマナラシ

別名ハコヤナギ　ヤナギ科ヤマナラシ属
山鳴　Populus tremula var. sieboldii
   平滑

若木15cm

成木30cm

老木35cm

葉柄の断面は扁平。
6-10cm

【樹皮】白っぽくて平滑、しばしば緑色を帯び、菱形に裂ける皮目が点在する様子が独特。この菱形模様は、年を経るにつれ大きく顕著になるが、老木では幹全体が縦に裂けて黒っぽくなることがある。【樹形】縦長のスマートな樹形。樹高20m前後。【分布】北海道〜九州。山地の明るい場所。【利用】箱材、マッチ軸木、楊枝等。

ドロノキ

泥木　ヤナギ科ヤマナラシ属
別名ドロヤナギ　Populus suaveolens
   縦・裂

若木7cm

若木20cm

老木45cm

つけ根は少しくぼむ。
6-12cm

【樹皮】若木の時はヤマナラシに似て緑色を帯びた白色だが、菱形の皮目はさほど目立たない。比較的若い樹齢から縦の裂け目が入り、成木〜老木は灰色ではっきりと深く裂ける。【樹形】枝を上方によく伸ばす。樹高20m前後。【分布】北海道〜近畿。寒冷地の湿った場所。【利用】マッチ軸木、箱材、パルプ材等。炭は黒色火薬の原料。

シラカバ

別名シラカンバ　カバノキ科カバノキ属
白樺　Betula platyphylla var. japonica

【横・筋】

若木5cm

成木25cm

老木50cm

側脈は5-8対。
6-8cm

【樹皮】真っ白な樹皮が印象的。表面は薄い紙状となって横にはがれる。時にダケカンバと紛らわしいことがあるが、本種は黒いへの字形の枝痕が特徴（中写真）。ごく若い時は赤茶色。【樹形】樹高15m前後。【分布】北海道〜中部の寒冷地。庭木。【利用】パルプ材、アイスクリームの棒、割箸等。樹皮はクラフト等。樹液は飲料。

ダケカンバ

岳樺　カバノキ科カバノキ属
別名ソウシカンバ　Betula ermanii

【横・筋】

若木10cm

成木30cm

老木50cm

側脈は7-12対。
6-10cm

【樹皮】橙色〜肌色を帯びる樹皮が特徴的で、表皮は薄い紙状となって横向きにはがれる。特に赤みが強い個体をアカカンバと呼ぶこともある。時に真っ白な樹皮もあるが、シラカバのようなへの字模様はない。老木では樹皮が縦に荒々しくはがれる。【樹形】樹高15m前後。【分布】北海道〜中部・四国の高所。【利用】家具材、合板材等。

落葉広葉樹　29

ミズメ

水芽　**カバノキ科カバノキ属**
別名ヨグソミネバリ、アズサ、ミズメザクラ　Betula grossa

若木20cm
成木35cm
老木50cm

基部は湾入しない。
6-10cm

【樹皮】灰色で横向きの皮目が目立ち、サクラ類の樹皮によく似る。若い樹皮をナイフで削ると、湿布薬に使われるサリチル酸メチルの匂いがあることが特徴。老木では不規則に割れ目が入ってはがれてくる。【樹形】大木になる。樹高15-30m。【分布】本州〜九州の寒冷な山地。【利用】家具材、器具材等。かつては弓材。

ウダイカンバ

鵜松明樺　**カバノキ科カバノキ属**
別名マカンバ　Betula maximowicziana

成木40cm
老木50cm
燃える樹皮

葉の基部は深く湾入。
8-14cm

【樹皮】ミズメに似ており、樹皮を削ると弱いサリチル酸メチルの匂いがある。老木の樹皮は紙状になって横向きにはがれやすい。カバ類は樹皮に油分を多く含み、雨天でも黒煙を出してよく燃える。【樹形】樹高15-30m。【分布】北海道〜中部の寒冷な山地。【利用】床板、家具材、合板材等。樹皮は鵜飼の松明等。材はサクラ材と呼ばれる。

イヌシデ

犬四手　カバノキ科クマシデ属　
総称シデ、ソロ　Carpinus tschonoskii

【縦・筋】

若木20cm

成木30cm

老木80cm

葉先はあまり伸びない。
5-8cm

【樹皮】灰色の樹皮に黒っぽい縦すじが入り、顕著なしま模様になるので見分けやすい。表面は平滑だが、老木ではすじの部分が凹凸となる。ただし、若木はすじが細くて目立たないことが多く、アカシデ等との区別は難しい。【樹形】不ぞろい。樹高15m前後。【分布】本州～九州の雑木林や山地。【利用】薪炭材、器具材等。

アカシデ

赤四手　カバノキ科クマシデ属　
総称シデ、ソロ　Carpinus laxiflora

【縦・筋】

若木10cm

成木20cm

老木30cm

葉先は長く伸びる。
4-7cm

【樹皮】イヌシデに似て灰色で縦すじが入るが、すじは細く、はっきりしたしま模様にはならない。成木になるに連れて、縦方向のうねができやすいこともイヌシデとの違いだが、樹皮だけでは区別が難しい場合もある。【樹形】不ぞろい。樹高15m前後。【分布】北海道～九州の雑木林や山地。時に庭木。【利用】イヌシデと同様。

落葉広葉樹

クマシデ

熊四手　**カバノキ科クマシデ属**
総称シデ　Carpinus japonica

 縦・筋

成木20cm

老木30cm

サワシバ
縦・筋

成木25cm

側脈が多く目立つ。
6-10cm

【樹皮】イボ状にふくらむ皮目(ひもく)があり、ミミズ腫(ば)れ状に縦に連なって目立つ。老木ではこのミミズ腫れに沿って裂けてくる。同属のサワシバは葉が似るが、樹皮は縦長の菱形状(ひしがた)に浅く裂けるので区別可能（p.11の写真も参照）。【樹形】両種ともあまり大きくならない。樹高7-15m。【分布】本州～九州の山地に点在。【利用】薪炭材、器具材等。

アサダ

カバノキ科アサダ属
Ostrya japonica

  縦・裂

成木25cm

成木40cm

老木50cm

葉柄は腺毛が多い。
6-10cm

【樹皮】縦に荒々しく裂け、短冊状(たんざく)にめくれる様子が特徴的。そのため、「ハネカワ」「ミノカブリ」などの方言名もある。ただし、樹皮があまりはげない個体もあり、シナノキやヤシャブシ等と紛らわしいこともある。【樹形】樹高15m前後。【分布】北海道～九州。山地に点在するが少ない。【利用】家具材、建築材、器具材等。

ヤマハンノキ

山榛木　カバノキ科ハンノキ属　互生
総称ハンノキ　Alnus hirsuta　平滑

成木25cm

老木35cm

ハンノキ　縦・裂
成木30cm

葉裏に毛が多いタイプを
ケヤマハンノキと呼ぶこと
がある。
8-12cm

【樹皮】平滑でくすんだ灰色、時にやや紫色を帯び、しばしば横向きのしわが入る。横長または点状の皮目が多く、時に縦に連なることもある。老木では所々亀裂が入る。同属のハンノキは縦に裂け、葉は細く、水辺に生える。【樹形】樹高15m前後。【分布】北海道〜九州の山地や水辺。砂防樹として植えられる。【利用】器具材、薪炭材等。

オオバヤシャブシ

大葉夜叉五倍子　カバノキ科ハンノキ属　互生
総称ヤシャブシ　Alnus sieboldiana　平滑

若木7cm

成木25cm

老木40cm

葉は三角形状。7-12cm。
ヤシャブシは6-10cm。

【樹皮】はじめ平滑で皮目が散らばるが、徐々に縦横に不規則な割れ目が入ることが多く、所々はがれ落ちる。老木では全面が網目状に裂けることもある。同属のヤシャブシも同様。【樹形】成木は扇形。樹高10m前後。【分布】本来は関東〜近畿だが、砂防樹として各地で植えられ広く野生化。【利用】櫛などの民芸品、薪炭材等。果実は染料。

落葉広葉樹 33

オニグルミ

鬼胡桃　総称クルミ　**クルミ科クルミ属**
Juglans mandshurica var. sachalinensis

若木10cm

成木30cm

老木50cm

小葉の幅は広い。
40-60cm

【樹皮】灰色で縦に裂けるが、裂け目はやや少なく、裂け目の間に平滑面がはっきり残る。ただし、老木では平滑面がほとんどなくなる。欧州原産で栽培されるカシグルミ（テウチグルミ）は、裂け目がやや浅い。【樹形】横広がり型。樹高10-15m。【分布】北海道～九州。川沿いに多い。【利用】果実は食用。家具材、建築材、彫刻材、銃床等。

サワグルミ

沢胡桃　**クルミ科サワグルミ属**
別名ヤマギリ　Pterocarya rhoifolia

若木20cm

成木40cm

老木90cm

小葉の幅は狭い。
25-50cm

【樹皮】はじめ平滑だが、次第に縦に長く裂ける。裂けた部分は薄くはがれる傾向があり、この点がオニグルミと異なる。むしろシオジやカツラと似る。【樹形】幹は直立し大木になる。樹高20-30m。【分布】北海道～九州。寒冷な山地の沢沿い。【利用】家具材、器具材、割箸、マッチの軸木等。樹皮は丈夫で、屋根材や細工物やクラフト等。

ブナ

橅、山毛欅　**ブナ科ブナ属**　Fagus crenata
別名シロブナ

 平滑

若木10cm

成木30cm

老木100cm

ふちは波状になる。
5-10cm

【樹皮】白、黒、緑色などの地衣類、あるいは蘚苔類が多数つき、独特のまだら模様になる。環境によっては地衣類がほとんどつかない個体もあり、本来の灰色で平滑な樹皮が見られる。【樹形】ケヤキに似た扇形。樹高20-30m。【分布】北海道南部～九州。寒冷地の自然林を代表する木。【利用】椅子等の家具材、器具材、合板材、玩具材等。

イヌブナ

犬橅　**ブナ科ブナ属**　Fagus japonica
別名クロブナ

  平滑

若木7cm

成木30cm

老木70cm

葉裏は長毛が多い。
6-10cm

【樹皮】ブナの樹皮が白っぽいのに対し、本種はやや黒っぽいので黒ブナの別名がある。表面はイボ状の皮目が多く、しばしば縦に連なる。老木では縦に裂けてくる。【樹形】ブナと異なり、根元からひこばえがよく生え、株立ち樹形にもなる。樹高20m前後。【分布】本州～九州。ブナより低標高に生える。【利用】時に建築材、器具材等。

落葉広葉樹　35

コナラ
総称ナラ　別名ハハソ　小楢　ブナ科コナラ属　Quercus serrata　互生

若木7cm

成木25cm

老木60cm

葉先に近い方で幅広。
8-14cm

【樹皮】縦にはっきりと裂け、裂け目の間には平滑面が残る。裂けた部分が黒く、平滑面が白っぽいので、白黒のしま模様に見えることが多い。老木では平滑面が減って裂け目も深くなる。【樹形】不ぞろい。大木になる。樹高20-30m。【分布】北海道〜九州。身近な雑木林に最もふつう。【利用】薪炭材、シイタケ原木、器具材等。

ミズナラ
総称ナラ　別名オオナラ　水楢　ブナ科コナラ属　互生

若木10cm

成木30cm

老木70cm

葉柄はごく短い。
10-18cm

【樹皮】コナラに似るが裂け目が浅く、樹皮が薄い紙状にはがれるので区別できる。老木では、裂け目がほとんど目立たず白っぽくなる場合が多い。北日本ではコナラとの雑種と思われる個体も見かける。【樹形】大木になる。樹高20-30m。【分布】北海道〜九州。寒冷地の雑木林に最もふつう。【利用】家具材、床板等の建築材、樽材等。

落葉広葉樹

カシワ

柏　ブナ科コナラ属　*Quercus dentata*　縦・裂

若木10cm

成木30cm

ナラガシワ 縦・裂

成木30cm

鋸歯は丸い。
15〜30cm

【樹皮】コナラに似るが、より樹皮が厚くて凹凸が大きい。そのため山火事にも強い。小枝は目立って太く、冬は枯葉が枝に残ることが多い。よく似たナラガシワの樹皮は、コナラより粗く、やや短冊状（たんざく）に裂ける傾向がある。【樹形】樹高15m前後。【分布】北海道〜九州。寒冷地や海岸に生える。【利用】樽材（たる）等。葉は柏餅。樹皮は染料等。

クリ

栗　ブナ科クリ属　*Castanea crenata*　縦・裂

若木10cm

成木25cm

老木60cm

鋸歯は先は緑色。
9〜20cm

【樹皮】幹径（かんけい）15cmぐらいまでは暗い茶色で平滑、小さく菱形（ひしがた）に裂ける皮目（ひもく）が点在するが、成木では縦に裂ける。コナラに比べると裂け目は少なくて長く、平滑面がよく残る。【樹形】大木になる。樹高15m前後。【分布】北海道〜九州の山地。果樹用のクリ林が多い。【利用】耐久性に優れ、器具材、建築用の土台、鉄道の枕木（まくらぎ）等。果実は食用。

落葉広葉樹 37

クヌギ

櫟、椚、橡　ブナ科コナラ属
Quercus acutissima
互生　縦・裂

若木10cm　成木20cm　老木60cm

鋸歯の先は褐色。
11-20cm

【樹皮】縦に深く裂け、裂け目の間に平滑面は残らず、その断面は山形となる。裂け目の底部は橙色を帯びる。老木では裂け目がつまってきてコナラと紛らわしいことも。【樹形】やや縦長の樹形。樹高20m前後。【分布】本州〜九州。雑木林の代表種。【利用】シイタケ原木、薪炭材等。樹皮は染料。樹液はカブトやクワガタがよく集まる。

アベマキ

阿部槙、椪　総称クヌギ　ブナ科コナラ属
別名コルククヌギ　Quercus variabilis
互生　縦・裂

若木10cm　成木30cm　成木40cm

クヌギより葉裏が白い。
11-25cm

【樹皮】クヌギに似るが、コルク層がよく発達し、裂け目の山を指で押さえるとへこむので区別できる。はち切れるような裂け方も特徴的。一般には区別せず「クヌギ」と呼ばれていることも多い。【樹形】クヌギと同様。樹高20m前後。【分布】主に中部〜九州。雑木林などに生える。【利用】シイタケ原木、建築材等。樹皮はコルクの代用。

落葉広葉樹

ハルニレ
春楡　別名ニレ、アカダモ　ニレ科ニレ属　互生　縦・裂
Ulmus davidiana var. japonica

成木35cm　成木90cm

オヒョウ
縦・裂

成木25cm

左右非対称でざらつく。6-12cm

【樹皮】縦に細かく裂け、全体的に白っぽい灰色に見える。よく似た同属のオヒョウは、やや網目状に裂けてはがれる傾向が強いが、ハルニレも同様になることがあり、区別は困難か。【樹形】ケヤキよりやや縦長の扇形。樹高20-30m。【分布】北海道〜九州。寒冷地の谷沿いに多い。公園樹。【利用】家具材、器具材等。樹皮は縄にもなる。

アキニレ
秋楡　別名イシゲヤキ　ニレ科ニレ属　互生　斑・剥
Ulmus parvifolia

若木15cm　成木30cm　老木40cm

左右非対称でざらつく。3-5cm

【樹皮】うろこ状にぽろぽろはがれ落ち、橙色や褐色、薄緑色を伴った特有のまだら模様になる。また、粒状の皮目(ひもく)も多くて目立つ。ケヤキに比べると橙色が強く、若い時から全面がうろこ状にはがれることなどが違い。【樹形】不整形。樹高10m前後。【分布】東海〜九州。暖地の川辺などに点在。公園樹、街路樹。【利用】時に器具材等。

落葉広葉樹　39

ケヤキ

欅　ニレ科ケヤキ属　互生　斑・剥
別名ツキ　Zelkova serrata

若木25cm　表面　成木50cm　老木100cm

鋸歯の形が特徴。
5-9cm

【樹皮】若木は灰色で、電柱と見間違うほど平滑、横長の皮目が散らばる。成木では所々うろこ状にはがれ落ち、そこが褐色となって独特のまだら模様になる。老木は激しくはがれ、波紋模様が現れる。【樹形】扇形。樹高20-40m。【分布】本州〜九州。山地の谷沿いに多い。街路樹、公園樹。【利用】建築材、家具材、器具材等に優れる。

ムクノキ

椋木　ニレ科ムクノキ属　互生　縦・筋
別名ムクエノキ　Aphananthe aspera

若木20cm　成木30cm　老木100cm

つけ根で葉脈が3本に分かれる。
6-10cm

【樹皮】白っぽくて平滑で、縦すじが入る。すじは互いにクロスして縦長の菱形をつくり、その底部はしばしば橙色を帯びる。根元は板根状になることも多い。老木では縦に裂けてはがれる。【樹形】扇形。樹高20m前後。【分布】関東〜沖縄。平野部に多い。【利用】時に器具材等。果実は可食。葉はざらつき、木地等の表面研磨に使われた。

エノキ

榎　ニレ科エノキ属　互生　平滑
Celtis sinensis

若木 10cm　成木 30cm　老木 50cm

先半分に鋸歯がある。5-9cm

【樹皮】裂け目はないが、小さな皮目が散らばり、表面は砂のようにざらつく。小枝のあとが横向きのすじとなって一定間隔で入ることが多い。虫害の影響か、所々小さくうろこ状にはがれることもある。【樹形】ケヤキより丸い樹形。樹高20m前後。【分布】本州〜九州。山野にごくふつう。【利用】時に器具材等。国蝶オオムラサキの食樹。

ヤマグワ

山桑　クワ科クワ属　互生　縦・裂
総称クワ　Morus australis

若木 15cm　成木 25cm　老木 40cm

幼木の葉は切れ込みが入る。8-16cm

【樹皮】はじめ平滑で皮目が散らばるが、次第に縦すじが入り、老木では縦に裂ける。カミキリムシ等の食害を受けることも多く、傷んだ幹をよく見る。中国原産のマグワも本種に似る。【樹形】あまり大きくならない。樹高5-15m。【分布】北海道〜沖縄。山野にごくふつう。カイコの食樹で養蚕用に栽培。【利用】家具材等。果実は食用。

落葉広葉樹　41

ホオノキ

朴木　モクレン科モクレン属　互生
Magnolia hypoleuca　平滑

成木30cm　成木40cm　ぬれた成木25cm

葉は大きくてよく目立つ。
20-40cm

【樹皮】平滑で白っぽく、丸い皮目が点在する。しばしばこの皮目がイボ状に目立って特徴的。また、薄い縦すじが入ることもある。雨にぬれると樹皮が橙（だいだい）色っぽく見えることがある。【樹形】整った卵形。樹高20-30m。【分布】北海道〜九州。里山や山地に点在。公園樹。【利用】まな板等の器具材、版木（はんぎ）等。炭は金銀研磨用。葉は朴葉味噌（ほおばみそ）。

コブシ

辛夷　モクレン科モクレン属　互生
Magnolia kobus　平滑

成木25cm　成木30cm　老木90cm

葉先の方で幅が最大。
8-15cm

【樹皮】平滑で白っぽく、皮目（ひもく）はあまり目立たない。年数を経ると、表面がごく浅く裂けてざらついたり、縦横のすじが入ることがある。樹皮を削るとモクレン科特有の芳香がある。【樹形】整った卵形。樹高20m前後。【分布】北海道〜九州。寒冷地に多い。公園樹、庭木。【利用】時に器具材等。蕾（辛夷）（つぼみ・しんい）は薬用。花は香水の原料。

落葉広葉樹

フサザクラ

総桜、房桜　フサザクラ科フサザクラ属
別名タニグワ　Euptelea polyandra

互生　平滑

若木7cm　成木20cm　老木25cm

葉先が長く突き出る。
7-13cm

【樹皮】白～黄色を帯びた明るい色で平滑。皮目はふつう点状、時にやや横長で、サクラの樹皮に似るともいわれるがそうは感じない。枝が落ちた部分がコブ状にふくらむ傾向がある。老木は細かく網目状に裂けることがある。【樹形】樹高5-10m。【分布】本州～九州。寒冷地の谷沿いに多い。【利用】建具材等。樹皮からとりもちが採れる。

カツラ

桂　カツラ科カツラ属
Cercidiphyllum japonicum

対生　縦・裂

若木7cm　成木25cm　老木50cm

落ちたての葉は甘い香りがある。5-8cm

【樹皮】ごく若い時は平滑でやや縦長の皮目が目立つが、成木は縦によく裂け、薄くはがれ気味になる。色は白っぽい。老木は株立ち樹形のものが多く、ひこばえがよく生えることも特徴。【樹形】三角形に近い形。樹高20-30m。【分布】北海道～九州。寒冷地の谷沿い。公園樹。【利用】建築材、家具材、将棋盤等の器具材等。葉はお香。

落葉広葉樹　43

ナツツバキ

夏椿　ツバキ科ナツツバキ属　互生　*Stewartia pseudocamellia*
別名シャラノキ　　斑・剥

若木10cm　成木20cm　老木35cm

葉脈はくぼんで目立つ。
6-10cm

【樹皮】若木の時から不規則にはがれ、肌色、橙色、褐色、白色などの美しいまだら模様になる。ヒメシャラに比べるとまだらの斑紋(はんもん)が大きく、多様な色が交じる傾向がある。すべすべなので「サルスベリ」の俗名もある。【樹形】樹高10m前後。【分布】東北南部〜九州。寒冷な山地に点在。庭木、公園樹、寺院。【利用】床柱(とこばしら)、器具材等。

ヒメシャラ

姫沙羅　ツバキ科ナツツバキ属　互生　*Stewartia monadelpha*
総称シャラノキ　　斑・剥

若木10cm　成木20cm　老木50cm

葉脈は目立たない。
5-8cm

【樹皮】若木の時から細かくはがれ、橙(だいだい)色をベースとしたまだら模様になる。特に老木はすべすべして鮮やかでよく目立つ。ただし、樹皮だけではナツツバキと区別しがたい個体も見る。同属のヒコサンヒメシャラは所々に横向きの線が入ることが多い。【樹形】樹高10m前後。【分布】関東西部〜九州。庭木、公園樹。【利用】ナツツバキ同様。

モミジバスズカケノキ

紅葉葉鈴懸木　スズカケノキ科スズカケノキ属
総称プラタナス　Platanus x acerifolia

互生　斑・剥

成木30cm　老木45cm

アメリカスズカケノキ　斑・剥

老木50cm

横広の大きな葉。
15-25cm

【樹皮】うろこ状によくはがれ、緑、白、褐色などのまだら模様になる。白みが強いもの、褐色が強いものなど、個体によって差がある。同属のアメリカスズカケノキは、幹の下部の樹皮があまりはがれず、褐色が強い。【樹形】大きく枝を広げる。樹高15-30m。【分布】アメリカスズカケノキとスズカケノキの雑種。街路樹。【利用】少ない。

モミジバフウ

紅葉葉楓　マンサク科フウ属
別名アメリカフウ　Liquidambar styraciflua

互生　縦・裂

フウ　縦・筋

若木15cm　コルク層　成木30cm　成木40cm

【樹皮】縦に深い裂け目が入る。小枝に翼と呼ばれるコルク質の板状突起が出る特徴があるが、樹皮もコルク層が発達して凹凸が大きくなり、時に板状に張り出す。同属のフウ（タイワンフウ）は、縦すじが入るか浅く裂ける程度で、枝に翼は出ず、葉は3裂。【樹形】整った卵形。樹高15-30m。【分布】北米原産。街路樹。【利用】少ない。

5裂し、鋸歯がある。
15-20cm

落葉広葉樹　45

アカメガシワ

赤芽柏　トウダイグサ科アカメガシワ属　Mallotus japonicus　互生　縦・筋

若木10cm　成木25cm　老木30cm

若木では浅く3裂する。12-20cm

【樹皮】白っぽくて縦のすじが入る。そのすじは互いにクロスして、縦長の菱形模様をつくりやすい。すじの底部は橙色や黒色を帯びる。ムクノキに似るが、本種は小枝が太くて直線的で、樹形も異なるので区別できる。【樹形】逆三角形状。樹高5-15m。【分布】北海道〜沖縄。明るい場所によく生える。【利用】ヒラタケ原木、器具材等。

ナンキンハゼ

南京櫨　トウダイグサ科シラキ属　Sapium sebiferum　互生　縦・裂

若木10cm　成木25cm　老木40cm

横に広い独特の形。5-8cm

【樹皮】褐色〜灰色で、やや不規則に縦に裂ける。若い木では、裂け目の底部にある橙色の皮目が目立つ。成木は裂け目が深くなり、秋〜冬に枝先に1cm強の白い果実をつけて目立つ。葉や枝を折ると白い乳液が出る。【樹形】樹高15m前後。【分布】中国原産。主に西日本で公園樹や街路樹。時に野生化。【利用】かつて種子からロウを採った。

落葉広葉樹　46

ヤマザクラ

山桜　総称サクラ　バラ科サクラ属　*Cerasus jamasakura*

若木7cm　成木30cm　樹皮はぎ痕

サクラ類は葉柄にイボ状の蜜腺が1対ある。
7-11cm

【樹皮】赤紫色を帯びた褐色でしばしば光沢があり、横長の皮目が目立つ。いわゆる「サクラ肌」と呼ばれる樹皮。細工用などに樹皮をはがされた木では、若い樹皮の再生が見られる（右写真）。
【樹形】樹高20m前後。【分布】東北南部〜九州。身近な雑木林にふつう。【利用】器具材、家具材、版木、燻煙用チップ等。樹皮は樺細工や薬用等。

オオヤマザクラ

大山桜　総称サクラ　別名エゾヤマザクラ　バラ科サクラ属　*Cerasus sargentii*

オオシマザクラ

若木15cm　成木30cm　成木25cm

つけ根はやや心形。
8-13cm

【樹皮】ヤマザクラに似るが、本種は光沢感が強く、黒紫色を帯びる傾向があるといわれる。同属のオオシマザクラは、ヤマザクラより黒っぽいといわれる。しかし、サクラ類はいずれもよく似ており、樹皮だけでの区別は難しい。【樹形】樹高20m前後。【分布】北海道〜四国の寒冷地。北日本では公園樹。【利用】ヤマザクラ同様。

落葉広葉樹　47

ソメイヨシノ
染井吉野　総称サクラ　バラ科サクラ属　Cerasus x yedoensis　互生　横・筋

若木10cm　成木40cm　老木90cm

葉柄に毛が生える。
9-12cm

【樹皮】若木はほかのサクラ類同様、光沢があって横向きの皮目(ひもく)が目立つ。しかし、年を経るにつれて所々に縦の裂け目が入り、老木では全体が黒っぽくなって荒れた表面となる。【樹形】横広がり型。樹高10-15m前後。【分布】オオシマザクラとエドヒガンの雑種といわれる園芸種。公園樹、街路樹に最もふつう。【利用】もっぱら花見用。

シダレザクラ
枝垂桜　別名イトザクラ　バラ科サクラ属　Cerasus spachiana f. spachiana　互生　縦・裂

若木10cm　成木15cm　**エドヒガン**　縦・裂　老木40cm

細長く、側脈が多い。
7-11cm

【樹皮】ほかのサクラ類と異なり、縦に裂けることが大きな特徴。ただし、若木では裂け目はなく、横向きの皮目(ひもく)が目立つ。本種は野生種エドヒガンの枝垂れタイプ（園芸種）で、樹皮はエドヒガンも同じ。【樹形】枝は垂れる。樹高10-15m前後。【分布】庭木、公園樹、社寺に植えられる。エドヒガンは本州～九州の山地。【利用】少ない。

ウワミズザクラ

バラ科ウワミズザクラ属
上溝桜　Padus grayana

若木15cm ／ 成木30cm ／ 老木40cm

葉柄は短く、蜜腺は目立たない。
7-11cm

【樹皮】やや紫色を帯びた暗い褐色で、横向きの小さな皮目が多い。ヤマザクラなどとやや似るが、黒っぽい樹皮の色と、皮目があまり目立たないことで区別できる。老木では網目状に裂けたり、縦にひび割れてくる。【樹形】樹高15m前後。【分布】北海道〜九州。身近な雑木林にふつう。【利用】薪炭材、器具材等。果実は食用。

イヌザクラ

犬桜　バラ科ウワミズザクラ属
別名シロザクラ　Padus buergeriana

若木10cm ／ 成木30cm ／ 老木50cm

葉先に近いほうで幅広。
6-10cm

【樹皮】「白桜」の別名の通り、白っぽい樹皮が特徴的。若木は小さな横向きの皮目があり、成木では時にこの皮目が顕著な横すじとなり、一見シラカバに見えることがある。老木では細かく網目状に裂けてはがれる個体が多く、色も黒っぽくなる。【樹形】樹高15m前後。【分布】本州〜九州。低地から山地に点在。【利用】時に建築材、細工物等。

落葉広葉樹　49

ウメ

梅　バラ科アンズ属　互生　*Armeniaca mume*　縦・裂

若木10cm　成木15cm　老木25cm

葉柄に1対の蜜腺がある。
5-8cm

【樹皮】しばしば紫色を帯びた光沢があり、やや横長の皮目があるが、やがてはち切れるように不規則に裂け、荒れた表面となる。老木でははっきりと縦に裂けるものが多い。ウメノキゴケ等（右写真中央右の緑白色）の地衣類がよくつく。【樹形】樹高5m前後。【分布】中国原産。庭木、果樹。【利用】時に器具材等。果実は食用。樹皮は染料。

モモ

桃　バラ科モモ属　互生　*Amygdalus persica*　横・筋

成木15cm　老木25cm

リンゴ　平滑

成木15cm

葉柄に1対の蜜腺がある。
7-13cm

【樹皮】若木や成木は光沢のある灰色〜褐色で、横長の皮目が目立ってサクラ類に似る。次第に所々不規則に亀裂が入り、老木では荒れた黒っぽい表面となる。同科のリンゴは小さな皮目があって白っぽく、次第にうろこ状にはがれる。【樹形】樹高5m前後。【分布】中国原産。庭木、果樹。【利用】果実は食用。リンゴ材は燻煙用チップ。

ナナカマド

七竈　バラ科ナナカマド属　互生
Sorbus commixta　平滑

若木10cm　成木20cm　老木30cm

秋は真っ赤に紅葉する。
15-25cm

【樹皮】おおむね平滑で皮目が目立ち、サクラ類に似た雰囲気がある。皮目の形は、点状、横長、菱形に裂けるものなど変異がある。老木では不規則に裂けることが多い。【樹形】さほど大きくならない。樹高10m前後。【分布】北海道〜九州の寒冷地。北日本では街路樹、公園樹に多い。【利用】器具材、薪炭材等。樹皮は薬用や染料。

ウラジロノキ

裏白木　バラ科アズキナシ属　互生
Aria japonica　縦・筋

若木10cm　成木15cm　老木40cm

鋸歯は山形で裏は白い。
7-11cm

【樹皮】灰色〜紫色を帯びた褐色。若木は平滑でしばしば菱形に裂ける皮目があるが、次第に皮目が縦に連なってすじ状になり、老木では縦に浅く裂ける。地衣類がつくことも多い。同属のアズキナシは皮目が目立たず、縦すじが入る程度であまり裂けない。【樹形】樹高10m前後。【分布】本州〜九州。尾根に点在。【利用】時に器具材等。

落葉広葉樹　51

ニセアカシア

偽アカシア　マメ科ハリエンジュ属
別名ハリエンジュ　Robinia pseudoacacia
互生　縦・裂

若木10cm　成木35cm　表面　老木80cm

葉先はわずかにくぼむ。
17-25cm

【樹皮】若木はトゲがあるが、すぐになくなり、縦にはっきり裂ける。裂け目はしばしば互いにクロスする感じになる。成木の表面は細かく網目状にひび割れ、多少弾力がある。【樹形】樹高15m前後。【分布】北米原産。公園樹。砂防用に河原や海岸、山地に植えられ広く野生化、問題になっている。【利用】時に工芸品等。花は蜂蜜の蜜源。

イヌエンジュ

犬槐　マメ科イヌエンジュ属
総称エンジュ　Maackia amurensis
互生　平滑

エンジュ　縦・裂

成木20cm　老木35cm　成木20cm

葉先はとがり、裏面は毛が多い。
15-25cm

【樹皮】やや緑色を帯びた褐色で光沢があり、菱形に裂ける皮目が目立って特徴的。年を経ると皮目がつながって縦に浅く裂ける。枝を折ったり樹皮を削ると、マメのような臭いがある。同科のエンジュ（中国原産）ははっきり縦に裂けるので区別は容易。【樹形】樹高10-15m。【分布】北海道〜九州。山地に点在。【利用】器具材、細工物等。

落葉広葉樹

ネムノキ

合歓木　マメ科ネムノキ属
別名ゴウカンボク　*Albizia julibrissin*

互生　平滑

若木 10cm　成木 15cm　老木 25cm

細かな2回羽状複葉。
18-30cm

【樹皮】白っぽい褐色で平滑だが、皮目の様子にかなり変異がある。ほとんど目立たないもの（左写真）もあれば、縦すじ状に連なるもの（中写真）、イボ状に目立つもの（右写真）、やや横長になるものもある。老木は裂け目が入ることも。【樹形】樹高10m前後。【分布】本州〜九州。明るい場所に生える。【利用】時に器具材等。樹皮は薬用。

カラスザンショウ

烏山椒　ミカン科サンショウ属
Zanthoxylum ailanthoides

互生　平滑

若木 10cm　成木 40cm　台座と皮目

ちぎると強いサンショウ臭がある。
30-80cm

【樹皮】若木は鋭いトゲが多数あり、まるで鬼の金棒状態。誤って幹をつかむと悲惨な目にあう。成木ではトゲは次第になくなり、台座の部分が横長のコブとなって残る。ゴマ粒状の皮目があり、しばしば縦に連なる。【樹形】逆三角形。樹高15m前後。【分布】本州〜沖縄。海岸から山地まで明るい場所に生える。【利用】時に器具材等。

落葉広葉樹　53

キハダ

黄膚、黄蘗　ミカン科キハダ属　対生
Phellodendron amurense　縦・裂

若木20cm 　成木25cm 　老木50cm

ちぎるとやや臭みがある。20-40cm

【樹皮】縦に深く裂けるか、時に網目状に裂ける。厚いコルク層が発達するので、指で押さえると弾力があることが特徴。色は白っぽいもの、黒っぽいものがある。樹皮表面（外皮）を削ると、黄色い内皮が現れる（中写真）。【樹形】樹高15m前後。【分布】北海道～九州の寒冷地。時に栽培。【利用】家具材等。樹皮（黄柏）は薬用、染料。

シンジュ

神樹　ニガキ科ニワウルシ属　互生
別名ニワウルシ　Ailanthus altissima　縦・筋

ニガキ　平滑

若木10cm 　成木40cm　老木30cm

小葉基部に鈍い鋸歯がある。40-80cm

【樹皮】明るい灰色でほぼ平滑だが、表面に波形のごく浅い裂け目があり、縦のしわ状に見える。同科のニガキは黒っぽくて平滑、老木は縦に裂け目が入る。【樹形】巨大な羽状複葉が目立つ。樹高20m前後。【分布】中国原産。公園樹。各地の明るい山野に野生化。【利用】両種とも樹皮は薬用、殺虫剤になる。ニガキの樹皮（苦木）は苦い。

センダン

栴檀　センダン科センダン属　別名オウチ　Melia azedarach　互生　縦・裂

若木10cm　成木20cm　老木50cm

2〜3回羽状複葉。30-70cm

【樹皮】若木は、濃い茶色に明色の皮目がよく目立ち特徴的。成木は灰色っぽく、縦に長く裂ける。平滑面は比較的よく残る。【樹形】横広がり型で大木になる。樹高10-15m前後。【分布】本来は四国・九州〜沖縄といわれるが関東以西の暖地で野生化。庭木、公園樹。【利用】家具材、建築材等。果実（苦楝子）や樹皮（苦楝皮）は薬用。

ハゼノキ

黄櫨、櫨　別名リュウキュウハゼ　ウルシ科ウルシ属　Rhus succedanea　互生　縦・裂

若木10cm　成木25cm　老木50cm

全縁。折ると乳液が出る。20-40cm

【樹皮】白っぽくて平滑で、はじめはイボ状の皮目がよく目立つが、次第に縦に裂け目が入り、老木では全面が裂ける。網目状に裂ける場合もある。よく似た同属のヤマハゼも同様。両種とも樹液に触れるとかぶれる。【樹形】広く枝を伸ばす。樹高10m前後。【分布】関東〜沖縄の沿海地に多い。庭木。【利用】果実からロウを採取。器具材等。

落葉広葉樹　55

ヌルデ

白膠木　**ウルシ科ウルシ属**　互生　平滑
別名フシノキ　Rhus javanica

成木15cm　老木20cm

ウルシ　縦・裂

成木30cm

軸にヒレ状の翼（よく）がある。30-60cm

【樹皮】白っぽくて平滑で、橙（だいだい）色っぽいイボ状の皮目（ひもく）が目立つ。ハゼノキに似るが成木になっても裂けない。樹液でかぶれることはまれ。同属のウルシ（中国原産）は縦または網目状に裂け、漆を採取する。樹液はかぶれる。【樹形】樹高5-10m。【分布】北海道〜沖縄。明るい場所によく生える。【利用】葉の虫こぶ（五倍子（ごばいし））はタンニンの原料。

チドリノキ

千鳥木　**カエデ科カエデ属**　対生　平滑
別名ヤマシバカエデ　Acer carpinifolium

若木10cm　若木15cm　成木20cm

シデ類に似るが対生。
8-15cm

【樹皮】暗い灰色〜白っぽい色で平滑。イボ状の皮目（ひもく）が目立つものや、縦すじが入るもの、いたって滑らかなものなどを見る。葉は秋に黄葉し、その枯れ葉は冬の間もしばしば枝に残る。【樹形】あまり大きくならない。樹高5-10m。【分布】本州〜九州。寒冷な山地の沢沿いに多い。【利用】時に器具材、家具材等。

落葉広葉樹

イロハモミジ

伊呂波紅葉　カエデ科カエデ属　対生
別名タカオカエデ　Acer palmatum　縦・筋

若木10cm　成木30cm　老木50cm

葉は小型で5〜7裂。4-7cm

【樹皮】若木の幹や枝は緑色、成木は明るい褐色で、細かい縦すじが入る。老木ではごく浅く裂けてくる。同属のオオモミジやヤマモミジも本種とそっくりで、樹皮での区別は困難。【樹形】横広がり型であまり高くならない。樹高5-15m。【分布】本州〜九州。身近な雑木林に生える。庭木、公園樹。【利用】時に器具材等。

コハウチワカエデ

小葉団扇楓　カエデ科カエデ属　対生
別名メイゲツカエデ　Acer sieboldianum　縦・筋

成木35cm　成木30cm

オオイタヤメイゲツ 縦・筋

成木30cm

本種は5-8cm、ハウチワカエデは7-12cm

【樹皮】若い枝や幹は緑色、成木では白っぽい褐色で、縦にすじ状の浅い裂け目が入る。裂け目の間隔はイロハモミジやイタヤカエデより広い。地衣類がつくことも多い（中写真）。同属のオオイタヤメイゲツ、ハウチワカエデも本種とよく似る。【樹形】樹高10-20m。【分布】本州〜九州。寒冷な山地にふつうに生える。【利用】時に器具材等。

落葉広葉樹　57

ウリハダカエデ

瓜膚楓　カエデ科カエデ属　対生　*Acer rufinerve*　縦・筋

成木15cm　成木20cm　老木30cm

浅く3-5裂する。
10-15cm

【樹皮】若木～成木では、緑色に黒い縦すじが入り、菱形に裂ける皮目が散らばって非常に特徴的。しかし、年数を経るにつれて緑色は失われ、皮目も目立たなくなり、くすんだ灰色～白色になって縦に浅く裂ける。【樹形】樹高10m前後。【分布】本州～九州。山地に点在する。【利用】時に家具材、器具材等。樹皮は縄や蓑、クラフト等。

ウリカエデ

瓜楓　別名メウリノキ　カエデ科カエデ属　対生　*Acer crataegifolium*　縦・筋

若木7cm　成木15cm　老木20cm

浅く3裂するか不分裂。
5-8cm

【樹皮】ウリハダカエデに似て緑色と黒色のしま模様になるが、皮目は小さくてあまり目立たない。しばしば、樹皮表面にコルク質の突起が散らばる個体を見る（左写真）。老木では褐色が強くなり、緑色が目立たなくなる。【樹形】大きくならない。樹高5m前後。【分布】東北南部～九州。身近な雑木林に点在。【利用】時に家具材、器具材等。

イタヤカエデ

板屋楓　カエデ科カエデ属　対生
Acer pictum　縦・筋

若木20cm 　成木30cm 　老木50cm

鋸歯はない。葉の形に変異が多い。7-13cm

【樹皮】白っぽく平滑で、すじ状の裂け目が縦に入る。裂け目の底部は橙色を帯びることが多い。老木では裂け目がはっきりし、コナラのごとく深く裂ける個体もある。【樹形】カエデ類の中では大木になる。樹高15m前後。【分布】北海道〜九州。低地から山地にふつう。【利用】フローリング等の建築材、家具材、器具材、運動具材等。

トウカエデ

唐楓　カエデ科カエデ属　対生
Acer buergerianum　縦・裂

成木25cm 　成木30cm 　黒ずんだ樹皮

3裂し、鋸歯はないか少ない。4-8cm

【樹皮】縦向きに激しくはげ、荒々しい外観となる。はげかかった樹皮が幹によく残るもの、細かく裂けてあまり残らないものなど変異がある。明るい褐色〜灰色だが、街路樹では排気ガスで黒ずんだものも見る。【樹形】剪定により狭長樹形になったものが多い。樹高15m前後。【分布】中国原産。街路樹、庭木、公園樹。【利用】少ない。

落葉広葉樹　59

トチノキ

栃木、橡木　トチノキ科トチノキ属　対生
Aesculus turbinata　縦・裂

若木15cm　成木35cm　老木40cm

大型の掌状複葉。
25-50cm

【樹皮】若木〜成木は白っぽく、縦に浅く裂けるが、網目状に裂けることも多い。表面はコルク層が発達し、指で押すとへこむ。老木は色が暗くなり、樹皮が大きくはげ落ちて波紋模様を見せる。
【樹形】大木になる。樹高20-30m。【分布】北海道〜九州。寒冷地の谷沿い。公園樹。【利用】器具材、家具材等。果実は栃餅(とちもち)等。花は蜂蜜(はちみつ)の蜜源(みつげん)。

マユミ

真弓、檀　ニシキギ科ニシキギ属　対生
Euonymus sieboldianus　縦・裂

成木20cm　老木45cm　シカの食痕

中央部で幅が最大。
7-12cm

【樹皮】縦に裂け、裂けた部分が黒っぽいので、大木ではコナラに似たしま模様になる。コルク質が発達するので凹凸は比較的はっきりしている。右写真はシカの食痕(しょっこん)で、リョウブやミズキもよくかじられる。【樹形】ふつう低木状。樹高3-10m前後。【分布】北海道〜九州。低地〜山地にふつう。【利用】器具材等。かつて弓材。若葉は食用。

アオハダ

青膚、青肌　モチノキ科モチノキ属　*Ilex macropoda*　互生　平滑

成木10cm　老木25cm　内皮

葉脈がくぼんで目立つ。
4-7cm

【樹皮】灰色で滑らか、小さな皮目が点在する。外皮をつめではぐと緑色の内皮が見えることが名の由来。ただし、他にも緑色の内皮をもつ樹種はある。外皮は薄いので、若木では緑色がわずかに透けて見える感じがする。【樹形】大きくならない。樹高10m前後。【分布】北海道～九州。身近な雑木林にふつう。【利用】器具材、寄木細工等。

ケンポナシ

玄圃梨　クロウメモドキ科ケンポナシ属　*Hovenia dulcis*　互生　縦・裂

若木20cm　成木30cm　老木60cm

基部が突き出る形が特徴。
10-18cm

【樹皮】暗い灰色で縦に裂け目が入り、成木ではしばしば短冊形に割れてはがれ落ちる。樹皮がよくはがれる個体はアサダに似る。また、葉や樹形はヤマグワに似た雰囲気がある。【樹形】比較的大きくなる。樹高20m前後。【分布】本州～九州。里山や山地に生えるが少ない。【利用】家具材、建築材、器具材等。果実は食用、薬用。

落葉広葉樹　61

アオギリ

青桐、梧桐　アオギリ科アオギリ属　互生　平滑
Firmiana simplex

若木10cm 　成木25cm 　老木45cm

3-5つに切れ込む。
20-35cm

【樹皮】緑色の樹皮が名の由来で、白色のシラカバ、橙色のヒメシャラとともに三大美幹木と呼ばれる。ただし、太くなるにつれて灰色が強くなり、老木では根元の幹はほとんど灰色になることが多い。【樹形】樹高15m前後。【分布】中国原産。街路樹や公園樹。【利用】樹皮は布や縄等。種子（梧桐子）は漢方薬、かつてはコーヒー豆の代用。

イイギリ

飯桐　イイギリ科イイギリ属　互生　平滑
別名ナンテンギリ　Idesia polycarpa

成木25cm　皮目　成木35cm 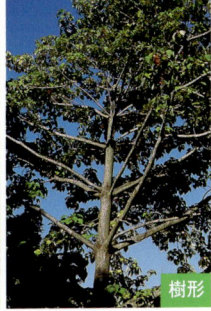　樹形

鋸歯がある。
10-20cm

【樹皮】白っぽくて平滑で、点状や横長の皮目が並ぶ様子が特徴的。この皮目がイボ状に突出して非常に目立つ個体もあれば、ほとんど突出せずすべすべな個体もある。【樹形】1カ所から枝を車輪状に出す独特の樹形。樹高15m前後。【分布】本州〜沖縄。身近な山地や雑木林に点在。時に庭木。【利用】器具材、薪炭材等。

落葉広葉樹

シナノキ

科木　シナノキ科シナノキ属　互生　縦・裂
Tilia japonica

若木20cm　成木25cm　老木60cm

ハート形で葉先が伸びる。
6-12cm

【樹皮】若木は白っぽく滑らかだが、次第に縦に浅く裂ける。成木ではほぼ全面が裂けるが、裂け目はさほど深くない。樹皮は強靱で、小枝を折ると樹皮がつながってはがれる。【樹形】丸い樹形。樹高15m前後。【分布】北海道〜九州の寒冷地。【利用】合板材、器具材、家具材、割箸、熊の木彫り等。樹皮は布や縄。花は蜂蜜の蜜源。

サルスベリ

猿滑、百日紅　ミソハギ科サルスベリ属　互生　斑・剥
別名ヒャクジツコウ　Lagerstroemia indica

成木10cm　老木30cm

シマサルスベリ　斑・剥

成木30cm

葉柄はごく短い。
4-5cm

【樹皮】幹全体の樹皮がはがれてすべすべになり、肌色〜橙色をベースとしたまだら模様になる。幹はよく曲がり、老木では縦向きのうねが出ることが多い。同属のシマサルスベリは、本種より幹が通直で高木になり、樹皮は白色が強い傾向がある。【樹形】樹高5-10m。【分布】中国原産。庭木や街路樹。【利用】時に床柱、細工物等。

落葉広葉樹　63

ミズキ

水木　ミズキ科ミズキ属　互生
Swida controversa

縦・筋

| 成木25cm | 成木30cm | 老木50cm |

弧を描く葉脈が目立つ。8-15cm

【樹皮】全体的に白っぽく、若木はほぼ平滑か縦の細いすじが入り、カエデ類などと似る。老木では浅い裂け目が入る。裂け目の底部はふつう明色。
【樹形】枝を水平方向に広く伸ばして階層をつくるので、樹形を見れば他種との区別は容易。樹高15-20m。【分布】北海道〜九州。明るい場所に生える。【利用】こけしなどの細工物、器具材等。

クマノミズキ

熊野水木　ミズキ科ミズキ属　対生
総称ミズキ　Swida macrophylla

縦・筋

| 成木25cm | 老木40cm | 発酵した樹液 |

対生でミズキより細い。
8-15cm

【樹皮】ミズキに似て、若木では縦のすじが入り、成木になるにつれて浅く裂けてくる。ミズキに比べると、裂け目の底部は暗色であることが多い。ミズキ類は、春に幹を切ると大量の樹液を出し、樹液酵母（じゅえきこうぼ）により発酵し橙（だいだい）色に染まることがある。
【樹形】ミズキに似る。樹高15m前後。【分布】本州〜九州。西日本に多い。【利用】ミズキと同様。

落葉広葉樹

ヤマボウシ

山法師　ミズキ科ヤマボウシ属　対生
別名ヤマグワ　Benthamidia japonica　斑・剥

若木15cm　成木30cm

ハナミズキ　網・裂

成木10cm

葉柄は1cm弱と短い。
6-11cm

【樹皮】若木はくすんだ褐色で平滑、ゴマ粒状の皮目が散らばる。成木になるにつれて、10円玉程度の大きさで所々樹皮がはがれ落ち、褐色や灰色のまだら模様になる。同属のハナミズキは、比較的若い時からカキノキ状の網目樹皮。【樹形】ややミズキに似る。樹高5-10m。【分布】本州〜沖縄の山地。庭木、公園樹。【利用】果実は可食。

ハリギリ

針桐　ウコギ科ハリギリ属　互生
別名センノキ　Kalopanax septemlobus　縦・裂

若木15cm　成木20cm　老木40cm

鋸歯があり大型。
15-30cm

【樹皮】枝や若い幹に鋭いトゲがあることが特徴で、トゲの台座は縦向き。径20cmを超える頃から幹のトゲはなくなり、縦に深い裂け目が入ってクヌギに似る。また、網目状に裂ける個体も見る（中写真）。【樹形】枝は太くて目立つ。樹高20m前後。【分布】北海道〜沖縄。雑木林に点在。【利用】合板材、家具材、器具材等。若葉は食用。

落葉広葉樹 65

コシアブラ
漉油　別名ゴンゼツ　**ウコギ科ウコギ属**
Eleutherococcus sciadophylloides
互生　平滑

若木15cm 　成木30cm 　老木40cm

掌状複葉で小葉は5枚。25-40cm

【樹皮】幹も枝も白っぽく滑らかで、林内でもよく目立つ。粒状の皮目が点在し、しばしば地衣類がつく。まれにごつごつした樹皮も見る（右写真）。同科のタカノツメもよく似るが、小葉は3枚。
【樹形】樹高5〜20m。【分布】北海道〜九州。やせた山地に生える。【利用】器具材等。若葉は食用。かつては樹脂から塗料油を採った。

リョウブ
令法　**リョウブ科リョウブ属**
Clethra barbinervis
互生　斑・剥

若木10cm 　成木20cm 　老木25cm

葉柄はやや赤みを帯びる。9-17cm

【樹皮】薄片となってはがれ、白、ピンク、橙、褐色などのまだら模様になる。ふつうは老木ほど滑らかになるが、時に樹皮がよくはがれず、がさつくタイプもある。ナツツバキに比べると、美しさは劣る場合が多い。【樹形】樹高5-10m。【分布】北海道南部〜九州。やせ尾根に多い。【利用】床柱などの建築材、薪炭材等。若葉は可食。

カキノキ

柿木　カキノキ科カキノキ属　互生　網・裂
Diospyros kaki

若木15cm　成木20cm　老木40cm

光沢の強い丸い葉。
9-15cm

【樹皮】若い時から網目状に裂け、独特の外観になるので見分けやすい。老木では裂けた部分がはがれ落ち、平滑になった部分が増える。同属のマメガキは黒っぽく、老木は網目状〜縦に深く裂ける。【樹形】樹高5-10m。【分布】中国原産。果樹、庭木。各地に野生化。【利用】建築材、家具材等。果実の柿渋は防腐・防水塗料。葉は柿の葉茶。

エゴノキ

えごの木　エゴノキ科エゴノキ属　互生　縦・筋
別名チシャノキ　Styrax japonicus

ハクウンボク　平滑

若木15cm　老木30cm　成木25cm

鈍い鋸歯がある。
4-8cm

【樹皮】黒っぽい色が特徴で、林内でも黒さが目立つ。縦に浅い裂け目が入り、成木になるにつれて細かな凹凸となって目立つ。まれに縦に細かくはがれるタイプもある。同属のハクウンボクも黒くて縦すじが入るが、本種より平滑。【樹形】樹高5-12m。【分布】北海道南部〜沖縄。雑木林にふつう。庭木。【利用】材は細工物、将棋の駒等。

落葉広葉樹 67

ヤチダモ

谷地だも
別名タモ
モクセイ科トネリコ属
Fraxinus mandshurica
対生 縦・裂

若木20cm　老木50cm

トネリコ
縦・裂

成木25cm

小葉基部に毛のかたまりがある。
30-45cm

【樹皮】明るい灰色で、はじめ平滑で皮目が点在するが、成木では縦に深く裂ける。裂け目の間に平滑面はあまり残らない。同属のトネリコは本種より裂け目が浅く、個体数は少ない。【樹形】直立する。樹高20-30m。【分布】北海道～中部。寒冷地の谷沿いに生え、特に北海道に多い。【利用】家具材、バット等の運動具材、器具材、建築材等。

シオジ

塩地
モクセイ科トネリコ属
Fraxinus spaethiana
対生 縦・裂

若木7cm　成木50cm　老木120cm

毛のかたまりはない。
25-35cm

【樹皮】ヤチダモよりやや暗い灰色で、裂け目はやや浅く、裂け目の間には平滑面が残る。同じ環境に生えるサワグルミとよく似るが、本種の方が裂け目が細かい印象がある。【樹形】直立する。樹高20-30m。【分布】関東～九州。寒冷地の谷沿い。【利用】家具材、建築材、合板材、運動具材、楽器材等。樹皮は細工物等。

落葉広葉樹

アオダモ

青だも　モクセイ科トネリコ属　対生　平滑
別名コバノトネリコ　Fraxinus lanuginosa

若木5cm　成木15cm　老木30cm

葉裏に毛が多いタイプをケアオダモと呼ぶことがある。10-20cm

【樹皮】白っぽくて平滑。若木の時から地衣類がつき、まだら模様になることが多い。年数を経ると、表面がややがさついたり、皮目が縦に連なりすじ状になることがある。同属のマルバアオダモ、ヤマトアオダモもよく似る。【樹形】大木は少ない。樹高5-15m。【分布】北海道〜九州。寒冷地の尾根や谷沿い。【利用】バット、器具材等。

キリ

桐　ゴマノハグサ科キリ属　対生　平滑
Paulownia tomentosa

成木25cm　成木35cm　老木45cm

若木の葉は3-5つの角がある。15-60cm

【樹皮】明るい灰色でほぼ平滑、しばしば皮目が縦に連なってジグザグ状に浅く裂ける。老木でははっきりと裂ける場合もある。若い枝や幹は、濃色の樹皮に白くて大きな皮目が散らばって目立つ。【樹形】樹高15m前後。【分布】中国原産。栽培されたものが各地に野生化。【利用】家具材、内部装飾材、器具材、楽器材等。樹皮は染料。

常緑広葉樹　69

スダジイ
総称シイ　別名イタジイ　すだ椎　ブナ科シイ属　Castanopsis sieboldii　互生　縦・裂

成木35cm　老木45cm

コジイ
平滑

成木30cm

裏は金色。
6-11cm

【樹皮】縦にはっきりと裂け、裂け目の間に平滑面が残る。同属のコジイ（ツブラジイ）は裂けないことが違いだが、中間型の個体（浅く裂ける）もあって区別できないこともある。【樹形】やや横広がり型。樹高20m前後。【分布】関東〜沖縄。暖地にシイ林をつくる。【利用】建築材、器具材、薪炭材、シイタケ原木等。果実は生食可。

マテバシイ
馬刀葉椎、全手葉椎　ブナ科マテバシイ属　Lithocarpus edulis　互生　縦・筋

若木10cm　成木25cm　成木50cm（根元）

先に近い方で幅が最大。
10-20cm

【樹皮】白っぽくて平滑。皮目が縦に連なってすじ状になったり、ごく浅い縦の裂け目が入る。
【樹形】枝葉が密について丸い樹形。切り株から萌芽した株立ち樹形の個体が多い。樹高10-15m。
【分布】関東〜沖縄。薪炭用に植えられたものが暖地で野生化。公園樹、街路樹。【利用】シイタケ原木、薪炭材、器具材等。果実は生食可。

シラカシ

白樫　ブナ科コナラ属
総称カシ　Quercus myrsinifolia

互生　平滑

若木20cm　成木35cm　老木90cm

よく似たウラジロガシは裏面が粉白色。
7-12cm

【樹皮】暗い灰色で平滑。皮目が縦に連なったり、ごく浅い裂け目が入ることも多い。カシ類の樹皮は、しばしば全面が荒れて著しくざらつくことがあるが、これはカイガラムシの影響（p.4参照）。
【樹形】樹高20m前後。【分布】東北南部〜九州。関東に多い。庭木、公園樹。【利用】農耕具や大工道具の柄、器具材、船舶材、薪炭材等。

アラカシ

粗樫　ブナ科コナラ属
総称カシ　Quercus glauca

互生　平滑

成木35cm　老木45cm

イチイガシ
網・裂

老木60cm

アラカシより幅広で、先半分に鋸歯がある。
8-12cm

【樹皮】シラカシに似て暗い灰色、皮目が縦に連なってすじ状になることも多い。樹皮でシラカシ等と区別するのは困難か。暖地に分布する同属のイチイガシは、不規則に裂けてはがれ落ちる。
【樹形】樹高15m前後。【分布】東北南部〜沖縄。低地から山地に生え、カシ類の中で最もふつう。庭木、公園樹。【利用】シラカシと同様。

常緑広葉樹 71

アカガシ

総称カシ　別名オオガシ　赤樫　ブナ科コナラ属　Quercus acuta　斑・剥

成木25cm　成木25cm　老木60cm

鋸歯がなく葉柄が長い。
8-15cm

【樹皮】はじめ灰色で平滑、他のカシ類と同様に縦すじが入るが、年数を経るに従ってうろこ状に樹皮がはがれ、褐色や橙色を伴った特徴的なまだら模様になる。【樹形】大きく枝を広げる。樹高20m前後。【分布】東北南部〜九州。低地にも生えるが山地寄りに多い。【利用】建築材、木刀や道具の柄などの器具材、細工物、薪炭材等。

ウバメガシ

別名ウマメガシ　姥目樫　ブナ科コナラ属　Quercus phillyraeoides　縦・裂

若木5cm　成木15cm　老木25cm

枝先に集まってつく。
4-6cm

【樹皮】はじめ平滑だが、すぐに裂け目が入り、成木では縦にはっきりと裂ける。裂け目の底部は黒ずんだ暗い色。樹皮、葉ともに他のカシ類とずいぶん異なるので、立ち木での区別は容易。【樹形】あまり大きくならない。樹高3-10m。【分布】東海〜沖縄。海岸沿いのやせ地に生える。庭木、公園樹。【利用】備長炭材、船具材、器具材等。

常緑広葉樹

クスノキ

樟、楠　クスノキ科クスノキ属　互生
Cinnamomum camphora

縦・裂

成木25cm　　老木80cm　　日本一太い蒲生の大クス

葉脈は3本に分かれる。
6-11cm

【樹皮】明るい褐色で、細かく短冊状に裂ける様子が特徴的で見分けやすい。材を削ったり葉をちぎると、樟脳（しょうのう）の香りがある。【樹形】日本で最も太くなる木。樹高20-40m。【分布】関東〜沖縄。公園樹、街路樹。かつて植林されたものも多い。【利用】家具材、器具材、社寺建築材、彫刻材等。材や葉の樟脳は防虫剤やカンフル剤になる。

シロダモ

白だも　クスノキ科シロダモ属　互生
別名シロタブ　Neolitsea sericea

平滑

ヤブニッケイ 平滑

成木15cm　　老木40cm　　成木15cm

葉裏は目立って白い。
9-15cm

【樹皮】暗い灰色で平滑で、葉が似るクスノキとは対照的。本種は小さなイボ状の皮目（ひもく）が散らばるが、よく似たヤブニッケイは皮目が目立たない。両種とも、樹皮を削るとクスノキ科特有の芳香がある。虫害で樹皮が凸凹になることがある。【樹形】樹高15m前後。【分布】本州〜沖縄。暖地の低地にふつう。【利用】時に器具材。

常緑広葉樹 73

タブノキ
別名イヌグス、タマグス　椨木　クスノキ科タブノキ属　Machilus thunbergii　互生　平滑

成木25cm　成木25cm　老木90cm

先の方で幅広になる。
8-15cm

【樹皮】白っぽい褐色で平滑、イボ状の皮目が1-2cmほどの間隔で散らばる。しばしば皮目が縦に連なって浅く裂け、縦すじ状になる。老木では網目状に裂けてはがれてくる。【樹形】枝葉を密につける。樹高15-30m。【分布】本州〜沖縄。沿海地の林を代表する木。【利用】器具材、家具材、建築材等。樹皮は時に染料や線香の粘結剤。

カゴノキ
鹿子木　クスノキ科ハマビワ属　Litsea coreana　互生　斑・剥

若木10cm　成木20cm　老木80cm

タブノキに似るが小ぶり。
6-10cm

【樹皮】はじめ平滑だが、次第に全面がうろこ状にはがれ、白色、褐色、くすんだ緑色、黒色などが交じったまだら模様になる。特に白色が鹿の子模様のように目立つことが特徴で、名の由来になっている。暗い常緑樹林内でも際立つ。【樹形】樹高15m前後。【分布】関東〜沖縄。暖地の自然林に点在。【利用】時に器具材、床柱等。

常緑広葉樹

ヤマモモ
山桃　ヤマモモ科ヤマモモ属　互生　平滑
Myrica rubra

成木20cm　老木40cm

ホルトノキ
平滑
成木30cm

枝先に集まってつく。
6-11cm

【樹皮】白っぽくて平滑で、皮目が散らばる。しばしば細かなしわがあり、年を経ると縦にごく浅く裂けたり、細かく網目状にひび割れることがある。葉が似るホルトノキも平滑だが、やや色が濃い印象がある。【樹形】丸い樹形。樹高10-15m。
【分布】関東南部〜沖縄の低地。庭木、公園樹。
【利用】果実はジャム等。樹皮は時に染料や薬用。

ヤブツバキ
藪椿　別名ツバキ、ヤマツバキ　ツバキ科ツバキ属　互生　平滑
Camellia japonica

成木15cm　老木30cm

サカキ
平滑
成木30cm

厚くて光沢が強い。
6-10cm

【樹皮】白っぽくて極めて平滑で、森の中でもそのすべすべした白い幹が際立つ。年を経るつれて多少凹凸ができる。白や緑色などの地衣類がつくことも多い（左写真）。同科のサカキは橙色を帯びて平滑。【樹形】やや縦長の樹形。樹高10m前後。【分布】本州〜沖縄の低地。庭木、公園樹。
【利用】器具材等。果実の椿油は頭髪用、食用等。

常緑広葉樹　75

イスノキ

柞、蚊母樹　マンサク科イスノキ属　互生　平滑
別名ヒョンノキ、ユスノキ　Distylium racemosum

若木15cm　成木30cm　虫こぶ

虫こぶがよくできる。
5-9cm

【樹皮】平滑で灰色～褐色、しばしば橙色を帯びる。明色の皮目が多数散らばる。年を経るにつれて所々がうろこ状にはがれ落ち、その部分はくぼむ。葉や枝に大小の虫こぶが多数できることも特徴。【樹形】樹高15m前後。【分布】東海～沖縄。暖地の自然林に点在。庭木。【利用】器具材、家具材等。樹皮の灰は柞灰と呼ばれ陶器の上薬。

モチノキ

黐木　モチノキ科モチノキ属　互生　平滑
Ilex integra

クロガネモチ　平滑

若木20cm　成木25cm　成木35cm

葉脈はよく見えない。
5-8cm

【樹皮】白っぽくて平滑、皮目が点在する。暖地では、本種に限らず、藻類がついて橙色に染まった幹をしばしば見る（左写真）。同属のクロガネモチも白っぽくて平滑。【樹形】枝葉が密についてまとまる。樹高10m前後。【分布】東北南部～沖縄。沿海地に生える。庭木、公園樹。【利用】器具材等。樹皮を腐らせるととりもちが採れる。

その他の特徴的な樹皮

ナギ 斑・剝
成木25cm

マキ科マキ属の常緑針葉樹。樹皮はうろこ状にはがれ、褐色や橙色などのまだら模様になるが、黒っぽくて地味なことが多い。樹高15m。西日本に分布。神社の神木(しんぼく)にされる。

サンシュユ 斑・剝
成木15cm

ミズキ科サンシュユ属の落葉広葉樹。樹皮は白っぽく、不規則に荒々しくはがれ、はがれた部分はやや橙色(だいだい)を帯びる。樹高3m。中国原産で庭木にされる。果実は薬用。

カリン 斑・剝
老木25cm

バラ科ボケ属の落葉広葉樹。樹皮はうろこ状にはがれ、緑、橙、褐色などのまだら模様になる。老木は縦方向のうねが入る。樹高8m。中国原産で庭木にされる。果実は食用。

バクチノキ 斑・剝
成木25cm

バラ科バクチノキ属の常緑広葉樹。樹皮はうろこ状にはがれ、橙色や褐色のまだら模様になる。老木はほぼ全面が橙色(p.15参照)。樹高12m。関東以南に分布。家具材等に利用。

ニッケイ 斑・剝
老木35cm

クスノキ科クスノキ属の常緑広葉樹。樹皮ははじめ灰色で平滑だが、老木はうろこ状にはがれてまだら模様になる。樹高15m。沖縄や中国原産。樹皮から肉桂(にっけい)を採るため栽培。

ユーカリノキ 斑・剝
老木90cm

フトモモ科ユーカリノキ属の常緑広葉樹。樹皮は縦によくはがれ、白や褐色のまだら模様になる。樹高20m前後。豪州原産で公園樹にされる。ユーカリノキ属は世界に数百種ある。

その他の特徴的な樹皮　77

ユリノキ 縦・裂
成木50cm

モクレン科ユリノキ属の落葉広葉樹。樹皮は縦に細かく裂け、裂け目は彫刻刀で彫ったように明瞭。その底部は明色。樹高20m以上。北米原産で公園樹や街路樹にされる。

ネジキ 縦・裂
成木10cm

ツツジ科ネジキ属の落葉広葉樹。樹皮はらせん状にねじれるように裂けることが名の由来。同科のアセビも本種によく似る。樹高5m。本州〜九州の雑木林などに生える。

ゴンズイ 縦・筋
老木20cm

ミツバウツギ科ゴンズイ属の落葉広葉樹。樹皮は縦すじが入って細かな白黒のしま模様になり、その様子が魚のゴンズイの模様に似ている。樹高6m。関東〜沖縄に分布。

キンモクセイ 平滑
成木25cm

モクセイ科モクセイ属の常緑広葉樹。樹皮は白っぽくて平滑だが、年数を経ると皮目が菱形に裂けて黒く目立つことが多い。樹高7m。中国原産で庭や公園樹にされる。

サイカチ 平滑
成木25cm

マメ科サイカチ属の落葉広葉樹。幹や枝には、分岐した鋭いトゲがあることが多い。樹皮は平滑で、老木では縦に浅く裂ける。樹高15m。本州〜九州の河原などに生える。果実は薬用。

サンショウ 平滑
成木5cm

ミカン科サンショウ属の落葉広葉樹。若い幹にはトゲがあるが、成木ではこぶとなって残る。この幹をすりこぎに使う。樹高3m。北海道〜九州に分布。果実や若葉は食用。

索引

※太字は写真掲載種、細字は文中紹介種

●ア行

アオギリ	61
アオダモ	68
アオハダ	60
アカエゾマツ	19
アカガシ	71
アカシデ	30
アカダモ（→ハルニレ）	38
アカマツ	16
アカメガシワ	45
アカメヤナギ	26
アキニレ	38
アケボノスギ（→メタセコイア）	25
アサダ	31
アズキナシ	50
アズサ（→ミズメ）	29
アスナロ	21
アベマキ	37
アメリカスズカケノキ	44
アメリカフウ（→モミジバフウ）	44
アラカシ	70
アララギ（→イチイ）	23
イイギリ	61
イシゲヤキ（→アキニレ）	38
イスノキ	75
イタジイ（→スダジイ）	69
イタヤカエデ	58
イチイ	23
イチイガシ	70
イチョウ	24
イトザクラ（→シダレザクラ）	47
イヌエンジュ	51
イヌガヤ	23
イヌグス（→タブノキ）	73
イヌザクラ	48
イヌシデ	30
イヌブナ	34
イヌマキ	22
イロハモミジ	56
ウダイカンバ	29
ウバメガシ	71
ウマメガシ（→ウバメガシ）	71
ウメ	49
ウラジロガシ	70
ウラジロノキ	50
ウラジロモミ	18
ウリカエデ	57
ウリハダカエデ	57
ウルシ	55
ウワミズザクラ	48
エゴノキ	66
エゾマツ	19
エゾヤマザクラ（→オオヤマザクラ）	46
エドヒガン	47
エノキ	40
エンジュ	51
オウチ（→センダン）	54
オオイタヤメイゲツ	56
オオガシ（→アカガシ）	71
オオシマザクラ	46
オオシラビソ	18
オオナラ（→ミズナラ）	35
オオバヤシャブシ	32
オオモミジ	56
オオヤマザクラ	46
オニグルミ	33
オノエヤナギ	26
オヒョウ	38
オマツ（→クロマツ）	16
オンコ（→イチイ）	23

●カ行

カエデ類	55〜58
カキノキ	66
カゴノキ	73
カシ類	70〜71
カシグルミ	33
カシワ	36
カツラ	42
カヤ	23
カラスザンショウ	52
カラマツ	24
カリン	76
カバ類	28〜29
キハダ	53
キャラボク	23
キリ	68
キンモクセイ	77
クスノキ	72
クヌギ	37

クマシデ	31	シラカンバ（→シラカバ）	28
クマノミズキ	63	シラビソ	18
クリ	36	シロザクラ（→イヌザクラ）	48
クルミ（→オニグルミ）	33	シロタブ（→シロダモ）	72
クロガネモチ	75	シロダモ	72
クロブナ（→イヌブナ）	34	シロブナ（→ブナ）	34
クロベ（→ネズコ）	21	シロヤナギ	26
クロマツ	16	シンジュ	53
クワ（→ヤマグワ）	40	スギ	20
ケアオダモ（→アオダモ）	68	スズカケノキ	44
ケヤマハンノキ（→ヤマハンノキ）	32	スダジイ	69
ケヤキ	39	センダン	54
ケンポナシ	60	センノキ（→ハリギリ）	64
ゴウカンボク（→ネムノキ）	52	ソウシカンバ（→ダケカンバ）	28
コウヤマキ	22	ソメイヨシノ	47
コゴメヤナギ	26	ソロ（→イヌシデ、アカシデ）	30
コシアブラ	65	●タ行	
コジイ	69	タイワンフウ（→フウ）	44
コナラ	35	タカオカエデ（→イロハモミジ）	56
コハウチワカエデ	56	タカノツメ	65
コバノトネリコ（→アオダモ）	68	ダケカンバ	28
コブシ	41	タニグワ（→フサザクラ）	42
コメツガ	17	タブノキ	73
コルククヌギ（→アベマキ）	37	タマグス（→タブノキ）	73
ゴンズイ	77	タモ（→ヤチダモ）	67
ゴンゼツ（→コシアブラ）	65	チドリノキ	55
●サ行		ツガ	17
サイカチ	77	ツキ（→ケヤキ）	39
サカキ	74	ツバキ（→ヤブツバキ）	74
サクラ類	46〜47	ツブラジイ（→コジイ）	69
サルスベリ	62	ドイツトウヒ	19
サワグルミ	33	トウカエデ	58
サワシバ	31	トウヒ	19
サワラ	21	トガ（→ツガ）	17
サンシュユ	76	トチノキ	59
サンショウ	77	トドマツ	18
シイ類	69	トネリコ	67
シオジ	67	ドロノキ	27
シダレザクラ	47	ドロヤナギ（→ドロノキ）	27
シダレヤナギ	26	●ナ行	
シデ類	30〜31	ナギ	76
シナノキ	62	ナツツバキ	43
シマサルスベリ	62	ナナカマド	50
ジャヤナギ	26	ナラ類	35
シャラノキ（→ナツツバキ）	43	ナラガシワ	36
シラカシ	70	ナンキンハゼ	45
シラカバ	28	ナンテンギリ（→イイギリ）	61

ニガキ ……53	マメガキ ……66
ニセアカシア ……51	マユミ ……59
ニッケイ ……76	マルバアオダモ ……68
ニレ（→ハルニレ）……38	ミズキ ……63
ニワウルシ（→シンジュ）……53	ミズナラ ……35
ヌマスギ（→ラクウショウ）……25	ミズメ ……29
ヌルデ ……55	ミズメザクラ（→ミズメ）……29
ネジキ ……77	ムクエノキ（→ムクノキ）……39
ネズコ ……21	ムクノキ ……39
ネムノキ ……52	メイゲツカエデ（→コハウチワカエデ）56
●ハ行	メウリノキ（→ウリカエデ）……57
ハウチワカエデ ……56	メタセコイア ……25
ハクウンボク ……66	メマツ（→アカマツ）……16
バクチノキ ……76	モチノキ ……75
ハコヤナギ（→ヤマナラシ）……27	モミ ……18
ハゼノキ ……54	モミジ類 ……56
バッコヤナギ ……26	モミジバスズカケノキ ……44
ハナミズキ ……64	モミジバフウ ……44
ハハソ（→コナラ）……35	モモ ……49
ハリエンジュ（→ニセアカシア）……51	●ヤ・ラ行
ハリギリ ……64	ヤシャブシ ……32
ハルニレ ……38	ヤチダモ ……67
ハンノキ ……32	ヤナギ類 ……26～27
ヒコサンヒメシャラ ……43	ヤブツバキ ……74
ヒノキ ……20	ヤブニッケイ ……72
ヒバ（→アスナロ）……21	ヤマギリ（→サワグルミ）……33
ヒマラヤシーダー（→ヒマラヤスギ）17	ヤマグワ ……40
ヒマラヤスギ ……17	ヤマザクラ ……46
ヒメシャラ ……43	ヤマシバカエデ（→チドリノキ）……55
ヒャクジツコウ（→サルスベリ）……62	ヤマツバキ（→ヤブツバキ）……74
ヒョンノキ（→イスノキ）……75	ヤマトアオダモ ……68
フウ ……44	ヤマナラシ ……27
フサザクラ ……42	ヤマネコヤナギ（→バッコヤナギ）26
フシノキ（→ヌルデ）……55	ヤマハゼ ……54
フジマツ（→カラマツ）……24	ヤマハンノキ ……32
ブナ ……34	ヤマボウシ ……64
プラタナス類 ……44	ヤマモミジ ……56
ホオノキ ……41	ヤマモモ ……74
ホルトノキ ……74	ユーカリノキ ……76
ホンガヤ（→カヤ）……23	ユスノキ（→イスノキ）……75
ホンマキ（→コウヤマキ）……22	ユリノキ ……77
●マ行	ヨーロッパトウヒ（→ドイツトウヒ）19
マカンバ（→ウダイカンバ）……29	ヨグソミネバリ（→ミズメ）……29
マキ類 ……22	ラクウショウ ……25
マグワ ……40	リュウキュウハゼ（→ハゼノキ）……54
マツ類 ……16	リョウブ ……65
マテバシイ ……69	リンゴ ……49